Eno Pertigen: Der Teufel in der Physik

Eno Pertigen

Der Teufel in der Physik
Eine Kulturgeschichte des Perpetuum mobile

Verlag Informationen für
Technik und Wissenschaft
(IT&W)

Die Deutsche Bibliothek - CIP-Einheitsaufnahme

Pertigen, Eno:
Der Teufel in der Physik : eine Kulturgeschichte des Perpetuum mobile / Eno Pertigen. - Berlin : Verl. Informationen für Technik und Wissenschaft, 2000
    ISBN 3-934378-50-1

© Verlag Informationen für Technik und Wissenschaft, November 1999

1. Auflage bei Verlag Schelzky & Jeep, Berlin 1988 (alte ISBN 3-923024-12-6)
2. Auflage Januar 2000 (BOD)

Umschlagentwurf: Christian Blöss · Berlin
Herstellung: Georg Lingenbrink GmbH & Co. · Hamburg

Verlag Informationen für Technik und Wissenschaft (IT&W)
Erkelenzdamm 49 · D - 10999 Berlin
Telefon: ..49 30 61401163 · Fax: ..49 30 61401164
Email: itetw@aol.com · Internet: http://www.itetw.de

Inhaltsverzeichnis

Vorwort zur Neuausgabe 6

Teil 1 - Außerordentliches 10

   1. Frontstellungen 10

   2. Über die Schwierigkeiten einer außerordentlichen Wissenschaft 25

   3. Mit hergestelltem Sinn durch die Natur 37

   4. Was ist Energie? 50

   5. Was ist Entropie? 60

   6. Den Teufel auf den Bocksfuß treten 81

   7. Die Welt als Regelkreis 92

Teil 2 - Kulturgeschichtliches 104

   8. Das Perpetuum mobile und die Welt-Katastrophe 104

   9. Auf dem Tanzboden der Kausalität 116

   10. Die Weltmaschine stirbt den Wärmetod 123

   11. Die Sackgasse wird asphaltiert 126

   12. Der Ausgang der Naturphilosophie 135

   13. Teufeleien 144

   14. Die Sehnsucht nach der Unbelangbarkeit 149

   15. Selbstentmündigung 160

   16. Das Ethos der Zeit und die Katastrophe des Wärmetodes 168

Teil 3 - Archäologisches 180

   17. Der Teufel in der Geologie 180

   18. Auf der Suche nach dem verlorenen Paradies 197

   19. Außenseiterprobleme 206

      Literatur 220

      Register 225

      Veranstaltungshinweis 232

Vorwort zur Neuausgabe

Der »Teufel in der Physik« wurde ab 1985 niedergeschrieben und erschien dann erstmals 1988. Es war auch die Zeit der großen Auseinandersetzungen sowohl um die friedliche als auch um die kriegerische Nutzung der Kernenergie. Diskussionen und Demonstrationen wegen des Baus weiterer Kernkraftwerke – auch angesichts des Reaktorunglücks in Tschernobyl (1986) – und wegen der Umsetzung des »Nato-Doppelbeschlusses« (1983) standen in der Bundesrepublik auf der Tagesordnung. Kritische Bürger achteten in dieser bewegten Zeit ganz besonders auf die gesellschaftlichen Auswirkungen der Energietechnik. Dabei wurde die Erforschung, Entwicklung und Nutzung der Kernenergie zur Stromversorgung von vielen auch als Ausdruck einer äußerst ungleichgewichtigen Forschungspolitik verstanden, die einige wenige Großvorhaben förderte und viele Forschungsansätze zumal unkonventioneller und ökologisch ausgerichteter Art unberücksichtigt ließ, wenn nicht gar absichtsvoll unterdrückte.

Wer nicht so sehr mit den Randgebieten in Technik und Wissenschaft vertraut ist, wäre wohl sehr überrascht über die unüberschaubar große Zahl von Menschen, die sich weltweit um neuartige Techniken – vor allem zur Energieversorgung – und um ein andersartiges Verständnis der zugrundeliegenden physikalischen Theorien bemühen. Diese Menschen sind den etablierten Vertretern der Wissenschaft meistens sehr suspekt und nicht ganz selten besteht berechtigter Grund zu dieser Einschätzung. Andererseits gehört es zu den tiefgreifendsten Erfahrungen des 20. Jahrhunderts, dass Revolutionen in Wissenschaft und Technik in rasender Eile und auf Gebieten geschehen, die zuvor stets für bekannt und für optimal eingerichtet gehalten wurden. Unser wissenschaftliches Weltbild sollte also kein Hindernis sein, überkommene Gewissheiten systematisch immer wieder in Frage zu stellen und dies auch im Sinne einer gesellschaftspolitischen Utopie. Energietechnik und damit auch ihre physikalischen Grundlagen stehen in einem Spannungsverhältnis zur Gesellschaft. Die globale Verfügbarkeit nutzbarer Energie – an jedem Ort und zu jeder Zeit – wird als Grundvoraussetzung für die Freiheit des Individuums empfunden. Sie ist aber nur für den kleineren Teil der Weltbevölkerung verwirklicht und sie beruht immer noch hauptsächlich auf dem Abbau begrenzter und nicht-regenerierbarer Ressourcen. Abbau und Umsetzung dieser Ressourcen führt zudem zu einer Verschiebung natürlicher Fließgleichgewichte in globalem Ausmaß. Diese Verschiebung hat Auswirkungen auf das Leben der gesamten irdischen Flora und Fauna, die nicht überschaut werden können. Das weltweite Engagement für neue Energietechniken und neue wissenschaftliche Theorien erklärt sich auch aus dem Spannungsverhältnis, das zwischen bestehender Technik und etablierter Wissenschaft einerseits und den verschiedensten gesellschaftspolitischen Visionen andererseits jeweils besteht.

Die Betonung liegt dabei auf »neu«. Was morgen neu sein wird, ist heute noch unbekannt. Mit den Begriffen »neu« und »unbekannt« hat die Physik ein grundsätzliches Problem. Zwar ist sie stets auf der Suche nach neuen und besseren Erklärungen für alte und auch neue Phänomene, doch an einer bestimmten Stelle fällt sie weit hinter ihr erklärtes Programm zurück. Nämlich dann, wenn es um die Erforschung neuer Energieformen geht. Zwar wird alles akzeptiert, was infolge von Energieumwandlungen in den bekannten Formen entsteht oder entstehen kann. Doch in physikalischen Phänomenen die Wirkung bislang unbekannter Energieformen zu vermuten oder sogar ausdrücklich nach solchen Phänomenen zu forschen, das gehört nicht mehr dazu. Das ist um so verwunderlicher, als neue Energieformen zu einem neuen Handlungsspielraum bei der Verwirklichung gesellschaftlicher Utopien führen können. Die Frage nach neuen Energieformen sollte also im Brennpunkt von Technik und Wissenschaft stehen. Woran liegt es dann, dass hier solch eine grundlegende Blockade besteht?

Der Wächter des Tores, durch das Technik und Wissenschaft eigentlich schreiten sollten, ist das »Perpetuum Mobile«. Ein fürwahr unbezwingbar erscheinender Wächter, denn der Begriff »Perpetuum Mobile« gilt als das Synonym schlechthin für ein »Ding der Unmöglichkeit«. Wer möchte schon seine Zeit mit sinnlosen Bemühungen verschwenden oder sich der Lächerlichkeit preisgeben? Doch tatsächlich liegt ein schmerzlicher Irrtum vor, wenn die Frage nach neuen Energieformen mit dem Verweis auf die Unmöglichkeit eines Perpetuum mobile abgeblockt wird. Neue, bisher unbekannte Energieformen weisen nicht den Weg zu Wirkungen ohne Ursache, sie verweisen vielmehr auf ein neues, bisher unbekanntes Ursachenspektrum. Sich das programmatisch zu versagen, könnte der größte methodische Fehler sein, den die Naturwissenschaft sich bisher geleistet hat. Um größere Freiheit im Denken zu erreichen, sucht dieses Buch Antworten auf zwei wichtige Fragen:

1) Wie vereinbart sich das Energiekonzept der modernen Naturwissenschaft mit dem Suchen nach neuen Energieformen?

2) Wie konnte eine Denkblockade durch die Überinterpretation des Begriffs »Perpetuum mobile« überhaupt entstehen?

Im ersten Teil des Buches wird deshalb gezeigt, das sowohl das »Perpetuum mobile erster Art« als auch das »Perpetuum mobile zweiter Art« mit einem tiefgreifenden Missverständnis über das verbunden ist, was wir in der Natur erleben und speziell, was wir an ihr messen können. Sowohl das Energie- als auch das Entropiekonzept erlauben es, die Mannigfaltigkeit der Natur in mathematische Theorien abzubilden. Durch eine zu starre Interpretation des 1. und besonders des 2. Hauptsatzes der Thermodynamik werden tatsächlich weitreichende theoretische Einschränkungen verfügt, die einen großen und vor allem einen noch gar nicht erfassten Teil der Mannigfaltigkeit der Natur einfach wegschneiden bzw. ausblenden. Diese Einschränkungen sind nüchternen Verstandes betrachtet nicht sinnvoll, führen aber gleichzeitig zu dramatischen konzeptionellen Einengungen in Wissenschaft und Technik und damit zu unnötigen und sogar gefährlichen Selbstbeschränkungen bei der Forschung nach neuen Energietechniken.

Nachdem so deutlich gemacht werden konnte, dass das »Perpetuum mobile« zu Unrecht als Bewacher des physikalischen Energiekonzeptes auftritt, wird im zweiten Teil des Buches der Frage nachgegangen, wie es dazu kommen konnte, dass so große Beschränkungen im modernen Denken errichtet worden sind? Dazu wird die Wandlung der Metapher vom »Perpetuum mobile« in der abendländischen Kultur der letzten tausend Jahre nachgezeichnet. Es zeigt sich deutlich, dass »neuzeitliche« (abendländische) Kultur nicht ausreichend reflektiert hat, dass individuelles wie auch gesellschaftliches Wohl aus eigenverantwortlichem Handeln fließen muss. Modernes Selbstverständnis weist dagegen ein überraschend hohes Beharrungsvermögen dabei auf, dieses Wohl in untätiger Weise lediglich durch die Behauptung zu garantieren, dass es außerhalb bekannter Sphären angesiedelte, »jenseitige« Ursachen für individuelles oder gesellschaftliches Unheil nicht geben kann – oder nicht geben darf. Statt also durch ständige Auseinandersetzung mit ungeklärten Dingen seine eigenen Sphären in Ordnung zu bringen und zu halten, werden bestimmte externe Sphären für nicht-existent, für unwichtig oder auch als mit kriegerischen Mitteln beseitigbar erklärt.

Was in vielerlei Hinsicht offenbare gesellschaftliche Praxis ist, wird in »kultivierter« Form also auch von den Naturwissenschaften vollzogen. Das geschieht, wenn unbekannte Dinge mit dem Hinweis auf einen hypothetischen Konflikt mit dem Satz vom unmöglichen »Perpetuum mobile« wieder aus dem Blickfeld verwiesen werden. Wenn es um die Diskussion dessen geht, was möglich ist und was nicht, sollte sich aber niemand von künstlich errichteten Schranken einschüchtern und beirren lassen – vor allem dann nicht, wenn diese Schranken einst errichtet wurden, um einen verlockenden Ausbruch in die Verantwortungslosigkeit möglich zu machen. Für ein verantwortliches forschungspolitisches Handeln ist ein gutes Verständnis der zugrundeliegenden physikalischen Konzepte selbstverständlich. In diesem Sinne möchte das vorliegende Buch weiterhin eine gewisse Unterstützung bieten.

Eno Pertigen
Berlin, November 1999

Teil 1 - Außerordentliches

1. Frontstellungen

Der »Teufel in der Physik« ist das Perpetuum mobile. Die Assoziationen, die dieser Titel wecken wird, sind vielschichtig und auch beabsichtigt. Es gibt keinen Teufel. Aber er wird stilisiert und das aus gutem Grund. Der Teufel wird gebraucht: als Feindbild, als Schuldiger und dergleichen mehr. Braucht die Naturwissenschaft einen solchen Teufel? Sie wird »nein« sagen, denn fortschrittliche Denker haben das Perpetuum mobile schon längst für nicht-existent befunden und etwas Nicht-Existentes kann nicht zugleich (und wenn auch nur als Teufel) eine wesentliche Rolle spielen.

Eine Lektüre der Literatur über das Perpetuum mobile zeigt seine Verteufelung. Das Perpetuum mobile wird als Weltbedrohung geschildert – wenn es existieren würde. Was soll mit dieser rhetorischen Übung unter den Teppich gekehrt werden? Nun gibt es den Ausspruch, daß jemand den Teufel an die Wand male. Wer das tut, bezweckt die Verdeutlichung einer Gefahr oder einer Bedrohung. Der Ausspruch steht allerdings für den Verdacht, daß der »Maler« übertreibt, daß er eine Bedrohung ausmalt, wo es keine gibt. Es kann sich herausstellen, daß der an die Wand gemalte Teufel für etwas ganz anderes steht, der Teufelsmaler will ablenken und benutzt gängige Formeln, bekannte Schuldzuweisungen, um die Diskussion über die tieferen Ursachen für die beklagte Misere im Keim zu ersticken. Die Teufelsgestalt ist ein Fokus für vermutete Bedrohungen, sie ist der Sündenbock. Oberhalb dieser teuflischen Ebene ist das Perpetuum mobile in der wissenschaftlichen Literatur ein Unding, es kann nicht existieren:

> »Bis zum heutigen Tage spukt noch der Traum in vielen Köpfen, eine Maschine zu ersinnen, die – einmal in Bewegung gesetzt – sich selbst ohne Einwirkungen von außen in Bewegung halten soll, die also keiner Kraftquelle bedürfe, um fortzeugend Gutes, das heißt Arbeitsleistun-

1. Frontstellungen

gen, zu gebären. Was gilt es, daß die Elementargesetze der gesamten Physik einem solchen Unterfangen widersprechen, daß eine Energieerzeugung ohne einen entsprechenden Verbrauch von Arbeit ins Reich der Fabel gehört? Was gelten die Erfahrungstatsachen, daß bei allen Naturvorgängen nur die Übertragung einer Energieart in die andere stattfindet, niemals jedoch eine Energie aus dem Nichts geschaffen werden kann? Die Lockung, diese Gesetze zu erschüttern, ist immer stärker gewesen als wissenschaftliche Belehrungen« [Fritz 1983, 3 f].

Julius Robert Mayer
(1814-1878)

Werner Koch schreibt in seinem Buch »Erfindergeist auf Abwegen«, daß wir, seit das Gesetz über die Erhaltung der Energie von Julius Robert Mayer 1847 aufgestellt und bewiesen wurde, wüßten, daß solche Perpetua mobilia unmöglich seien [Koch 1964, 265]. Das Gesetz der Erhaltung der Energie stoße die Frage nach dem Perpetuum mobile um, meinte Frida Ichak und Stanislav Michal formulierte es religiös: »Energiegesetze – Fall des Perpetuum mobile«. Das ist die eine Seite. Im Gegensatz dazu gibt es eine ganze Reihe von Leuten, die überzeugt sind, daß es möglich ist, Maschinen zu bauen, die Energie abgeben, ohne daß über die »Quelle« mehr als nur verschwommene Vorstellungen zu existieren scheinen:

»Während weltweit eine Energiekrise mit katastrophalen direkten und indirekten Folgen heraufzieht und die verantwortlichen Politikern nicht wissen, wie sie diese lösen sollen, wird es einem breiten Publikum erstmals bewußt, daß der gesamte Erdball in einem Energiefeld von ungeheuergroßer Dichte schwimmt, dem sogenannten Tachyonenfeld. Es ist offensichtlich technisch mit relativ geringem Aufwand möglich, dieses

Energiefeld anzuzapfen und ihm Wärme und vor allem elektrischen Strom zu entziehen. Im Vergleich zu dieser Technologie muten Öl- und Kohleverbrennung, aber auch die Kernenergie geradezu mittelalterlich rückständig an« [Nieper 1982, 11].

»Wie bereits seit Jahrzehnten von führenden Forschem nachgewiesen, ist es technisch möglich, diesem Energiefeld (i. e. das Tachyonenfeld) ungeheure Mengen billigster Energie zu entziehen. Für einen breiten Personenkreis ist es schon längst kein Geheimnis mehr daß bereits Fahrzeuge mit dieser Energieart betrieben und Häuser mit Konvertern geheizt werden, ohne Anschluß an ein Netz« [Siefert 1984, 8].

Über die Motivation dieser vom Teufel Besessenen besteht freilich einhellige Meinung. Ungesund sei schon das Motiv, das die meisten Jäger nach dem Perpetuum mobile beflügele: »ein ins Maßlose gesteigerter Geltungstrieb, das Bedürfnis, mit einem Schlage zu Ruhm und – allerdings erst in zweiter Linie – zu Reichtum zu gelangen« [Fritz 1938, 6]. Diese Menschen befänden sich, und das sei das Eigentümlichste, was die heutigen Sucher nach dem Perpetuum mobile mit den Alchimisten des Mittelalters gemeinsam hätten,

»in einem krankhaften Wahnzustand, sie wollen sich nicht heilen lassen, sie betrachten jeden Einwand als eine bösartige Intrige, eigens zu dem Zwecke ersonnen, den Erfinder um die Früchte seiner Arbeit zu prellen [Fritz 1938, 7]«.

Die Verfechter der Gegenseite schießen mit nicht minder schweren Geschützen zurück:

»Die etablierte Schulwissenschaft ist niemals bereit gewesen, – wird und kann niemals bereit sein – neue Konzepte und Beweise widerspruchslos zu akzeptieren. Sie fungiert vielmehr von Natur aus als Verteidiger des Status Quo. Nirgendwo ist das Trägheitsmoment größer als bei wissenschaftlichen Institutionen. Ich möchte daran erinnern, daß noch zwei Jahre nach dem epochalen Ereignis des ersten Motorfluges

1. Frontstellungen

der Gebrüder Wright im Dezember 1903 die ehrwürdige Prestige-Publikation »Scientific American« im Jahre 1905(!) den Flugbericht darüber als Zeitungsente und Schabernack bezeichnete, obwohl etwa 500 Personen als Augenzeugen das Flugzeug in der Luft gesehen hatten. Einer der Gründe war die Publikation eines Artikels drei Monate vor dem Flug, worin ein berühmter Mathematiker »bewiesen« hatte, daß es unmöglich sei, mit einer Maschine zu fliegen, die schwerer als Luft ist« [Nieper 1982, 58].

Und war es nicht Werner von Siemens gewesen, der die Jäger des Perpetuum mobile und die Erfinder von Flugmaschinen gleichermaßen als einer »meist unheilbaren geistigen Krankheit« verfallen betrachtete, die jeder Belehrung und selbst der schmerzlichen Erfahrung trotze? Beide Wägungen des Geisteszustandes der jeweiligen Gegenseite sind – für sich genommen – grundsätzlich zutreffende Feststellungen. Aber sie scheinen sich gegenseitig zu widersprechen. Eine verkrustete Wissenschaft ist zur reellen Beurteilung unkonventioneller Ideen unfähig. Aber die zum Teil haarsträubende Scharlatanerie auf Seiten der Perpetuum-mobile-Erfinder ist auch ohne wissenschaftlich geschärfte Sinne augenfällig genug und wird durch die Borniertheit der Gegenseite nicht aufgehoben.

Der Verlauf der mit diesen Zitaten angedeuteten Frontstellung ist sehr konfus. Diejenigen, die sich zum Beispiel mit der sogenannten Tachyonenenergie beschäftigen, würden die Unterstellung, an einem Perpetuum mobile zu basteln, empört zurückweisen. Man baue Energie-Konverter, die die allfällige Tachyonenenergie in Drehmoment oder in Strom verwandle, und das sei im Einklang mit der Vorstellung von der Energieerhaltung. Diese Argumentation ist im Prinzip richtig. Berechtigte und zugleich harte Kritik an der Tachyonenforschung setzt auch an einem ganz anderen Punkt an: Es wird gar keine Forschung betrieben, sondern ein diffuser Effekt als abgesicherte Technologie präsentiert oder sogar verkauft. Die jahrelange Dreckarbeit zur Untersuchung dieses Effektes wird nicht geleistet. Die Tachyonenforscher tun es nicht und die »harte« Wissenschaft nimmt ihn gar nicht erst zur Kenntnis. Welche Motivation steht hinter der auf beiden Seiten der Front zu verzeichnenden Verzichtshaltung? Wollen die Underground-Forscher nicht die Enttäuschung eines eventuellen Mißerfolges erleben? Hält die Wissenschaft alles für erforscht?

Zwischen den beiden Gegnern, den »Wissenschaftlern« und den von diesen so bezeichneten »Perpetuum-mobile-Bauern« gibt es gar keine Front, denn zwischen ihnen liegt noch das weite und unübersichtliche Gebiet ungeklärter Phänomene, das beide konsequent nicht beschreiten wollen. Die einen aus systematischer Blindheit oder sogar Arroganz und die anderen aufgrund der Illusion, es bereits völlig in Besitz genommen zu haben.

In diesem Buch geht es auch um dieses Gebiet ungeklärter Phänomene. Insbesondere sollen Beispiele für Forschungsansätze beschrieben werden, die deutlich machen, daß solche Gebiete – das Amerika der modernen Wissenschaft – existieren, und vor allem, wie ihre Begehung auf vernünftige Weise betrieben werden kann. Die alten Griechen erzählten sich von den »Säulen des Herkules«, den äußersten vom Menschen annäherbaren Grenzmarkierungen. Es hieß auch, über sie dürfe man nicht hinaussegeln. Ähnlich verhält es sich mit dem Perpetuum mobile. Wer dieses ansteure, wird scheitern, wird über den Rand der Erdscheibe herabstürzen. Der Begriff ist, wie sich herausstellen wird, ein an die Wand gemalter Teufel für den Kopf. Bevor nämlich die Forschungsreise an den Rand der Möglichkeiten gerät, gibt es eine Unzahl von Dingen zu entdecken, von denen die harte Wissenschaft bislang nicht zu träumen wagte.

Die ursprüngliche Bedeutung des Begriffes »Perpetuum mobile« darf getrost aus der wörtlichen Übersetzung genommen werden: Das »unentwegt Bewegliche«, wobei das »Bewegliche« doppeldeutig erscheint: Bewegt es sich von selbst oder durch etwas anderes? Dem Sinn der zweiten Möglichkeit nach war zum Beispiel der Fixsternhimmel für die mittelalterlichen Naturgelehrten ein Perpetuum mobile. Die Fixsternsphäre als unentwegt Bewegliche hing allerdings direkt von Gott ab. Für uns macht die Vorstellung, daß die Bewegung der

Fixsternsphäre von etwas anderem abhängt, oder von jemand anderem sogar, keinen Sinn. Wir erklären diese Bewegung aus der Trägheit der Erde, das heißt, letztlich hat diese Bewegung überhaupt keine »äußere« Ursache. So, wie sich unsere Vorstellungen von der Dynamik geändert haben, so hat sich auch die Bedeutung des Begriffs »Perpetuum mobile« gewandelt.

Wir verstehen unter einem Perpetuum mobile ein Gerät, dessen Wirkung ohne Ursache ist, wenn das ganze einmal ohne Verwendung des Begriffs »Energie« umschrieben wird. Dieser Satz hat nun einen Haken. Mit dem Gedanken, daß es eine Wirkung ohne Ursache gibt, mögen wir uns zu Recht nicht anfreunden, denn was schon als Wirkung beschrieben wird, verlangt sozusagen definitiv auch nach einer Ursache. Aber jenseits der Gedankenwelt gibt es genügend Phänomene, die – selbst wenn man sie als Wirkungen betrachtet – nicht unbedingt auf eine Ursache zurückgeführt werden können. Ich meine das in »handgreiflicher« Weise. Wir kennen nicht immer die Randbedingungen, die Einflüsse usw., die zu einem Phänomen führen. Nehmen wir dazu ein Beispiel, und zwar – in voller Absicht gewählt – die Entstehung des Lebens.

Die Antwort auf die Frage nach der Entstehung des Lebens erwartet man heutzutage von der Molekularbiologie. Sie würde von sich behaupten, einen Gutteil der Antwort gegeben zu haben, wenn sie die Entstehung des Biosynthesezyklus aufklären, oder besser noch: nachmachen könnte. Der Biosynthesezyklus umfaßt die unterste Ebene der Reproduktion von Molekülkomplexen, in diesem Falle die Reproduktion des genetischen Codes als Komplex von Nukleinsäuren. Aber – man weiß zwar, daß so etwas geschieht, aber nicht, wie es dazu kommen konnte (vgl. Küppers [1986]). Und das ist eigentlich eine unerträgliche Situation. Man kennt die Wirkungen, aber nicht die Ursache.

Unter dem Eindruck einer scheinbaren Unlösbarkeit der Frage nun zu behaupten, das Leben entstünde aus dem Nichts (was ja auch einer eher langweiligen Lösung dieses gordischen Knotens gleichkäme), hieße in letzter Konsequenz, einen Vergleich des Organismus mit einem Perpetuum mobile – im modernen Sinne wohlgemerkt – zu ziehen. Wir sehen aber, daß diese Behauptung nur ein Resultat oder sogar ein Kniefall vor der fatalen Informationslage ist: Man weiß es einfach nicht. Das Perpetuum mobile wird zum Symbol des Nichtwissens. Nun drehen wir den Spieß herum und treiben diese Verkehrung auf eine sich noch als fruchtbar erweisende Spitze: Die offensive Behauptung von der Unmöglichkeit eines Perpetuum mobile, will ablenken, und zwar andere und nicht zuletzt sich selbst von dem Unbehagen, Ursachen nicht durchschauen zu können. Das Perpetuum mobile als Unding wird zu einem Symbol des Allmachtswunsches. Die moderne Naturwissenschaft kann Ursachen transzendenten Ursprungs nicht akzeptieren. Sie würde es – durchaus akzeptabel – als vorzeitige Kapitulation vor einem noch ungelösten aber prinzipiell nicht unlösbaren Rätsel auffassen. Walter Zimmermann drückt das etwas vornehmer so aus:

»(Wir werden) wegen unbekannter Teilzusammenhänge nicht nach metaphysischen Einflüssen zur Ergänzung unserer Ursachenvorstellungen Ausschau halten« [Zimmermann 1968, 242].

Dieser Satz ist das Grundsatzprogramm moderner Wissenschaft: Wo wir noch nicht wissen, da wollen wir noch wissen. Und wo wir bereits wissen, dort braucht Wissen nie wieder in Frage gestellt zu werden. Der Satz vom ausgeschlossenen Perpetuum mobile wird als Krönung der wissenschaftlichen Auseinandersetzung mit der Welt empfunden, und doch schlägt er der vorsichtigen Haltung, die eben noch anklang, mitten ins Gesicht. Der Satz vom ausgeschlossenen Perpetuum mobile verführt zu der merkwürdigen Haltung, daß es etwas, was wir jetzt nicht durchschauen, auch nicht geben kann.

In diesem Zusammenhang hat der Begriff der Magie eine besondere Bedeutung. Der Zeitraum, den wir im linearen Rückblick als die Geburtsstunde der Moderne zu bezeichnen gewohnt sind – die Renaissance – war ein Zeitalter der Magie, der Wiederentdeckung der Alchimie und des esoterischen Wissens. Man versicherte sich erster und

1. Frontstellungen

durch keine kirchliche Exegese verunreinigter Wahrheiten, die direkt von Gott offenbart worden waren. Das Perpetuum mobile war nur ein Teil des wiedererworbenen und wohlbehüteten Schatzes. Diese Gewißheit war mit einem Gefühl der Allmacht verbunden, mittels der Benutzung von dicken Wälzern, alten Manuskripten und wohlgestalteten Zeichnungen an alten und zentralen Weisheiten teilnehmen, den Stein des Weisen und das ewige Leben finden zu können. Die Verbindung zwischen Perpetuum mobile und einem Allmachtsbedürfnis ist nicht verloren gegangen. Weder bei den »Gläubigen«, noch bei den »Ungläubigen«.

Nikola Tesla
(1856-1943)

Die Gläubigen verbinden mit dem Perpetuum mobile den Gedanken, daß mit seiner Realisierung eine zentrale, nur von einer kleinen Gruppe Auserwählter durchdrungene Wahrheit zur Geltung kommt, die die Welt endlich in einen besseren und glücklicheren Zustand überführen wird. Technische Konstruktionen werden fast immer mit einer besonderen Weltformel motiviert oder erklärt. Das Perpetuum mobile steht für die Wucht des Mythos von einer einzigen die Welt durchdringenden Kraft. Von großer Bedeutung sind die Helden der Leidensgeschichte unzähliger Versuche, die Welt von der Wahrheit zu überzeugen. Zu Augenzeugenberichten verdichtete Gerüchte erzählen von den Laborverwüstungen und geglückten oder mißlungenen Attentaten auf die Zentralfiguren der »Weltreformatoren«. Der größte Held dieses Jahrhunderts – Nikola Tesla wurde am Tage vor seinem geplanten Besuch bei US-Präsident Franklin D. Roosevelt in seinem Hotelzimmer tot aufgefunden. Er wollte den Präsidenten über seinen neuen Energiekonverter informieren.

Der Begriff Perpetuum mobile ist erheblich älter als unsere moderne Epoche und er hat einen mehrfachen Bedeutungswandel durchgemacht. Erstaunlicherweise gehörte er früher in das Argumentationsarsenal progressiver Denker. »Früher« meint dabei eine Zeit, in der das Naturgeschehen als von einer transzendenten Macht abhängig gedacht wurde. Der Mensch suchte nicht nur nach den Ursachen, er suchte auch nach der Trennlinie zwischen seiner Freiheit und seiner Fremdbestimmung. Zumindest dachte er sich abhängig im Rahmen der geschaffenen Natur, die für ihn eingerichtet sei und deshalb einen Teil seiner Bestimmung mitbringe.

Solange der Mensch sich als von transzendenten Mächten abhängig begriff, und sich diese tröstlicherweise eher als gütige Macht vorstellte, hatte er keine Probleme mit der Rückführung von Phänomenen auf eben diese Macht, er dachte sich eine transzendente Ursache für eine spürbare Wirkung und hielt diesen »Sprung« zwischen Unsichtbarem und Sichtbarem eben so lange aus, wie er dieser Macht vertraute. Das »Wunder« hatte eine positive Bestimmung, es war ein Zeichen der Zuwendung der transzendenten Macht, der er vertraute.

Das Perpetuum mobile spielte in den Diskussionen der Naturgelehrten des Mittelalters eine ganz andere, sehr eigenartige Rolle. Einerseits war man an die Diskussion des Einflusses unsichtbarer Mächte gewissermaßen gewöhnt, sie war also durchaus systemkonform. Andererseits aber war das bloße Nachdenken über das Perpetuum mobile in der festgefügten Philosophie der Scholastik ein nicht zu unterschätzender emanzipatorischer Akt gewesen. Über ein derartiges Gerät nachzudenken bedeutete nämlich eine nachhaltige Neuorientierung in der Vorstellung, wie die Wirkungen Gottes auf die Erde vermittelt wurden. Ein Perpetuum mobile umging ja den gewöhnlichen Weg der Vermittlung verursachender Kräfte, die sich normalerweise ihren Weg recht mühsam von der rotierenden Fixsternsphäre – so dachte man es sich damals tatsächlich – über die einzelnen Planetensphären bis hin zur Erde als dem nichtigsten Ort im Kosmos zu bahnen hatte. Das Perpetuum mobile war nichts weniger als ein Paradigma, wie sich die

1. Frontstellungen

Bewegung eines einzelnen Körpers als unabhängig von der Ordnung des Ganzen denken und vorstellen ließ. Die Kraft des Perpetuum mobile kam zwar noch vom »Ersten Beweger« – aber das war auch schon alles. Die Bewegung des Perpetuum mobile war unabhängig von allen anderen Dingen auf der Welt, die für gewöhnlich als sämtlich verbunden und voneinander abhängig – eben zum Besten eingerichtet – gedacht wurde.

Die ersten Perpetuum-mobile-Modelle aus dem 12. und 13. Jahrhundert brachen auf entscheidende Weise mit den herkömmlichen Vorstellungen von den Beziehungen der Dinge untereinander. Anthonius Zimaras selbstdrehende Windmühle ist dafür ein gutes Beispiel. Eine Anzahl von Blasebälgen pustet in ein mehrflügeliges Windrad, das durch seine Drehung wiederum den Antrieb der Blasebälge bedient [Ord-Hume 1977, 41 ff]. Die Betonung bei dieser Konstruktion lag nicht so sehr auf der Möglichkeit, das Mehl umsonst oder jedenfalls unabhängig von der Wetterlage gemahlen zu bekommen. Entscheidend war der Gedanke, eine in sich geschlossene und von außen unberührte Welt im Kleinen zu schaffen. Die Renaissance hat dem Gedanken an das Perpetuum mobile schon deswegen sehr freundlich gegenübergestanden, weil eine Hauptströmung ihrer Naturbetrachtung und -forschung die Wiederholung der Kosmogonie im Kleinen anstrebte: In der Retorte der Alchimisten wuchsen aus dem Ur-Chaos der gemischten Ingredienzen die Elemente bis hin zum Gold als dem Symbol des Dauerhaften und Unvergänglichen, das den Angriffen der Zeit und dem Wirrwarr der Welt widerstehen konnte (vgl. Binswanger [1985, 58 u. 65]). Ein Perpetuum mobile mit dem Akzent auf seiner Trennung gegenüber der Außenwelt und einem unbeeinflußten Spiel innerer Kräfte hatte in dem alchimistischen Prozeß der Geburtshilfe für die Entstehung eines kleinen vollkommenen Reiches in der Natur seine natürliche Entsprechung. Das technische Schaffen, so Friedrich Klemm [1966, 11], sei hier in die »gefährliche Nähe« einer »imitatio creatoris« gelangt.

Die der Renaissance folgende Zeit – nach Reformation und Gegenreformation – schwor diesem Selbstermächtigungsgedanken ab. Sie sah den Menschen wieder angesichts der Werke eines allmächtigen Gottes und nicht in Konkurrenz zum Schöpfer. Das Perpetuum mobile avancierte zu einer mächtigen Metapher: Die Welt als Perpetuum mobile. Diese Metapher zeigt eine neue Unabhängigkeit der Welt von transzendenten Mächten an. Die Welt funktioniert in sich und ihre perfekte Maschinenhaftigkeit verbietet jeden Eingriff von außen. Doch diese neue Ansicht von Unabhängigkeit gebiert auch Probleme: Was ist der Mensch in einer Maschine? Ist er ein Rad im Getriebe? Wie kann er sein auf dem freien Willen beruhendes Wirken mit dem vorherbestimmten Ablauf eines Uhrwerkes in Einklang bringen? Fragen über Fragen und bis ins 19. Jahrhundert hinein keine schlüssigen Antworten.

Im 19. Jahrhundert erfolgte der endgültige Todesstoß für das Perpetuum mobile als emanzipatives Schlagwort. Bis dahin hatte es neben dieser schon früh geächteten Bedeutung als Wundermaschine stets einen Platz in der Kosmologie gehabt und letztlich zu ethischen Fragen über die Rolle des Menschen im Universum Anlaß gegeben. Die mechanistische Interpretation von der Welt als Perpetuum mobile, als immerwährend bewegliche Weltmaschine, verlor mit dem Einzug der Wärmelehre in den Kanon der naturwissenschaftlichen Disziplinen ganz erheblich an Reiz und an Legitimationskraft für eine auf Selbständigkeit und Prosperität achtende Epoche. Denn eines der hervorragendsten Ergebnisse der neuen Wärmelehre war der zu erwartende Verfall des komplexen Systems der Weltmaschine, ihr »Wärmetod«. Angesichts dieser beunruhigenden Vision war die Konjunktur von Globalbetrachtungen vorbei. Andererseits machte es der gegen Mitte des Jahrhunderts formulierte Energieerhaltungssatz möglich, einen Teil der Welt, ein »System«, herauszuschneiden und ihn hinsichtlich seiner internen und externen energetischen Wechselwirkungen vollständig zu determinieren. Die Welt mußte gar nicht mehr als Gesamtsystem, als eine einzige Maschine gedacht werden, um sich ihrer

1. Frontstellungen

Gesetzmäßigkeit sicher zu sein. Diese Art Systemtheorie leistete dem endgültigen Verzicht auf eine Definition der Rolle des Menschen im Weltgetriebe Vorschub: Einerseits ist sowieso alles determiniert, andererseits kann mit Hilfe des Energiekonzepts nun in jeden Bereich der Natur analytisch eingestiegen werden und das fordert soviel Engagement und Zeit, daß derlei unwichtige Fragen für eine Zeit aufgehoben werden können, wo die Durchdringung der Natur vollständig geleistet worden ist und Fragen eigentlich überflüssig sind, denn dann ist der Mensch gottgleich und braucht sich nicht mehr zu legitimieren und mit ethischen Fragen herumzuschlagen.

Aber bis zu diesem »Ausstieg« aus peinigenden naturphilosophischen Problemen ist es zu Beginn der Moderne noch weit. Hier hat das Perpetuum mobile noch eindeutig progressiven Charakter, dem der stets virulente und sich mit der Zeit erhärtende Verdacht, eine immerwährend bewegte Maschine von Menschenhand sei ein Ding der Unmöglichkeit, nichts anhaben kann. Wegen der automatisch inbegriffenen »Verurteilung des Satzes von der notwendigen kosmischen Mittelbarkeit« schien das Aufkommen des Perpetuum-mobile-Gedankens den »Beginn der Neuzeit« zu markieren [Blumenberg 1975, 556]. Andererseits brachte er auch den Keim der Verschwörung und der Magie mit sich: Wer ist es, der sein »Ohr am Puls Gottes« hat, mit ihm so intim kommunizieren kann, daß er per Direktschaltung die göttliche Emanation in sichtbare Zeichen zu konvertieren in der Lage ist? Zu behaupten, das Perpetuum mobile konstruieren zu können, hatte in diesem Sinne immer einen Hauch von Besonderheit und Erhabenheit.

Das Perpetuum mobile barg also Konflikt- und Zündstoff für Philosophie und Ideologie, denn alle Funktionserklärungen waren letztlich anti-aristotelisch, oder – schlimmer noch – umgeben vom Schwefelgestank des Teufels, denn nur er konnte Maschinen entwerfen und von vergewaltigten Dämonen antreiben lassen, um auf diese hinterlistige Weise Unheil in die Welt zu bringen. Es war seinerzeit modern, gegen die aristotelisch verknöcherten Naturlehren der Weltkirche zu polemisieren. Die Reformer beriefen sich dabei auf Quellen des Wissens, die einst direkt von Gott mitgeteilt worden waren, und jetzt endlich wieder zu entdecken wären. Das augenfälligste dabei war allerdings die Geheimniskrämerei, die um diese Quellen gemacht wurde, es bildeten sich Geheimgesellschaften, die sich um der Reinhaltung der Lehre willen von den niederen Menschen abschotteten. Struktur und Zielsetzung dieser Geheimgesellschaften, die damals in allen Schattierungen in Europa entstanden, finden sich noch heute in den auserwählten Zirkeln der Gemeinde von Energietechnologie-Innovateuren, die die verknöcherte Wissenschaft das Fürchten lehren will und schon längst alle Konstruktionsblaupausen in der Schublade hat, deren Realisierung das Heil für die Menschheit bringen würde.

Auch unter der emporgestreckten Fahne der Unmöglichkeit des Perpetuum mobile marschiert eine Art von Allmachtssehen. Sie ist individualistischer und will von einer Macht, die die Welt beherrscht und die es auszunutzen gelte, ganz und gar nichts wissen. Unbewußt wird dabei allerdings jedes potentielle Defizit an Wissen über die Welt als Zugeständnis an eben jene transzendente Macht gewertet, die sich hier nun bösartig und unberechenbar verbreiten darf. Der an sich emanzipative Verzicht auf das Einführen transzendenter Mächte kann sich nur auf der Grundlage einer Illusion vollziehen, der Illusion einer prinzipiell vollständigen Determinierung und Erfaßbarkeit der Welt. In diesem Rahmen ist das Perpetuum mobile logischerweise ein Unding. Die zahmste Auslegung des Begriffs »Perpetuum mobile« besagt lediglich, daß wir die Ursachen der Naturphänomene nicht immer ausmachen können: »Es wirkt etwas, ohne daß wir die Ursache erkennen.« Der Satz »Es gibt keine Wirkung ohne Ursache und deshalb kein Perpetuum mobile« transformiert die Ungewißheit angesichts einer verschwenderisch undurchsichtigen Natur in die Gewißheit, daß die Natur vollständig auf vom Menschen erdachte Gesetze verpflichtet ist.

Unser Verständnis vom Perpetuum mobile hat eine Geschichte, auch innerhalb der modernen Epoche. Der Konvergenzpunkt dieser

1. Frontstellungen

Entwicklung besteht in der Ausgrenzung von Fragen sowohl naturphilosophischer als auch wissenschaftlich-methodischer Art. Das wird nicht unabhängig voneinander zu betrachten sein, denn beide Bereiche sind miteinander verkettet. In jedem Falle geht es um den Verlust an Möglichkeiten. In Ansehung der vermeintlichen Grenzen der Natur beendet »Naturphilosophie« ihr traditionelles Dienstverhältnis als Wächterin darüber, ob die Rolle des Menschen in der Natur ausreichend bestimmt oder wenigstens hinterfragt sei – denn dem Menschen bleibe ja angesichts die Möglichkeiten grob einschränkender Naturgesetze kaum noch etwas zu tun übrig. Und dieser Rest bedarf keiner Legitimation mehr, denn das sei das Mindeste, dessen der Mensch zur Erhaltung seines Lebens bedürfe.

Andererseits hat »Naturphilosophie« auch eine Schattenseite, denn sie war stets darin involviert, den Menschen von ihrem Glück oder wenigstens von der Möglichkeit der gefahrlosen Existenz zu erzählen. Das hat dazu geführt, daß Naturwissenschaft von Anfang an in der Versuchung stand, den wichtigsten Naturgesetzen und insbesondere den Hauptsätzen der Thermodynamik diese Interpretationsmöglichkeiten gewissermaßen abzuringen. Darunter hat der freie Blick auf die Konzepte und die darin enthaltenen Möglichkeiten erheblich gelitten.

Um diesen »freien Blick« zurückzugewinnen werden im ersten Teil dieses Buch die Konzepte von Energieerhaltung und Entropie bloßgelegt. Sie werden nicht »widerlegt«, sondern einfach nur nach den in ihnen enthaltenen Möglichkeiten abgeklopft. Mit der Einsicht für neue Fragestellungen und in neue Möglichkeiten lesen sich die naturphilosophischen Traktate zu Energie, Kausalität und auch Entropie gleich ganz anders. Im zweiten Teil wird der kulturgeschichtliche Hintergrund für die dramatische Einengung dieses Spielraums untersucht, den die Menschen hier vorgenommen haben, und in dem sich offensichtlich ein viel allgemeinerer Wunsch nach »Selbstentmündigung« und »Verzicht auf Verantwortung« widerspiegelt. Der Vermutung, daß nicht die Gesetze der Natur die Unfreiheit des Menschen bedingen, sondern der Wunsch nach Unbelangbarkeit seine Sicht der

Natur, wird im dritten Teil nachgespürt. Die Untersuchung einiger Fallbeispiele aus anderen Wissenschafts- oder Kulturbereichen verdeutlicht, daß die eben angesprochene menschliche Notdurft sich viel allgemeiner Geltung verschafft, als man vermuten würde.

2. Über die Schwierigkeiten einer außerordentlichen Wissenschaft

Die seriöse Wissenschaftsgeschichte sieht auf die Garde der Perpetuum-mobile-Bauer mit Hohn und bestenfalls mit verhaltenem Spott herab. Die Geschichte gibt ihr auch recht: Es gibt trotz aller umlaufenden Gerüchte kein Perpetuum mobile, das der Öffentlichkeit zugänglich wäre. Es werden allerdings permanent Gerüchte über funktionierende Maschinen verbreitet. Diese Maschinen befinden sich in der Regel jedoch in anderen Ländern als in demjenigen, in dem diese Gerüchte umlaufen.

Die Sprache der seriosen Bücher über die Geschichte des Perpetuum mobile ist zumeist plump. Sie setzt auf das stille Einvernehmen mit dem Leser über die Lächerlichkeit des Gegenstandes und verliert sich statt in inhaltlicher Auseinandersetzung mit den umlaufenden Ideen in Sätzen folgenden Kalibers: Daß die Entdeckung des Energieerhaltungssatzes dem Spuk des Perpetuum mobile endgültig ein Ende bereitet habe. Diese Bücher wirken teilweise wie Riten der Teufelsaustreibung. Die literarische Verdammung des Gedankens vom Perpetuum mobile scheint selber im Dienste eines religiösen Eifers zu stehen, das moderne Weltbild herauszustellen und es gegen jeden Angriff zu verteidigen.

Ist der religiöse Charakter der Schriften wider das Perpetuum mobile im Schatten des gesellschaftlichen Konsenses verborgen, so tritt er in den Szene-Veröffentlichungen selber offen zutage. Die Szene der Perpetuum-mobile-Bauer und deren Anhänger hat ihre Helden, um die sich Mythen zurückliegender Erfolge ranken. Sie empfängt Erlebnisberichte über Demonstrationen eines Perpetuum mobile als Offenbarungen und unterhält ein nach außen hin abgeschottetes Kommunikationsnetz, durch das die Erfolgsmeldungen fließen und Baubeschreibungen lanciert werden. Man mag diese Charakterisierungen beider Glaubensrichtungen als brutal, unangemessen oder auch nur übertrieben empfinden. Dieses Urteil ist allerdings das Resultat langjähriger

Erfahrung sowohl mit der systematischen Kurzsichtigkeit der Wissenschaft als auch mit der selbstbetrügerischen Leichtgläubigkeit jener Underground-Scene. Der Mittelweg könnte in einer Prüfung der vielfältigen, teilweise sehr aufregenden Phänomene bestehen, mit denen sich diese Szene beschäftigt, und das wiederum mit dem Werkzeug, das die Wissenschaft bereithält. So simpel es klingt, so unmöglich ist meistens auch seine Praktizierung. Diese Phänomene sind keine leicht herstellbaren oder beobachtbaren Vorgänge in der Natur. Sie sind zum Teil an bestimmte Personen gebunden, wie die Radiästhesie, oder erfordern präzisen maschinellen Aufwand, wie etwa der Effekt der Unipolar-Induktion. Der erforderliche Mittelaufwand kommt zwar bei weitem nicht in die Größenordnung bekannter Großlaborforschung. Aber er übersteigt beträchtlich die Mittel, die ein ernsthafter Idealist zur Verfügung zu stellen bereit ist. Dieses Dilemma zieht es leicht nach sich, daß der einer kritischen Auseinandersetzung zugeneigte Forscher mit der Zeit zur Selbstglorifizierung neigt, da er seinen Kollegen die Fähigkeit zur Kritik voraus zu haben glaubt und sich zum eigentlichen Hort der Wissenschaftspflege stilisiert; eine den eigenen Ergebnissen gegenüber kritische Haltung wäre normalerweise mit einer gewissen Bescheidenheit gepaart. Diese verkommt dann mit der Zeit, weil die bei tatsächlicher Beschäftigung sich ergebenden Schwierigkeiten und Fehlschläge ausbleiben und sich eine damit einhergehende Unbescheidenheit leicht zu einem gewissen und unangenehmen Größenwahn auswachsen kann.

Die »ordentliche« Wissenschaft kann sich Spott und Hohn zumeist ungestraft leisten, da diese Außenseiter kaum eine Gelegenheit auslassen, sich durch Übertreibungen und Leichtgläubigkeit zu diskreditieren. Mit diesen Außenseitern sympathisierende Wissenschaftler sind so gut wie nie in der Lage (oder auch einfach nicht gewillt), konkrete und kritische Hilfestellung durch eigene Forschung zu geben. Deren Haltung kommt über eine heimliche Sympathie mit den Außenseitern und eine mehr oder weniger offene Überheblichkeit gegenüber ihren »verbohrten« Kollegen nicht hinaus.

2. Über die Schwierigkeiten einer außerordentlichen Wissenschaft

Das ist eine zugeben pessimistische Einschätzung der Situation, wenngleich sie meiner Einschätzung nach realistisch ist. Sie könnte optimistischer ausfallen, wenn nicht nur eine offene (wie z.b. bereits in diversen Veröffentlichungen von Gottfried Hilscher geschehen), sondern auch eine kritische Darstellung der Potenz der sogenannten Außenseiterideen zu einer größeren Verbreitung gelangt, als es bisher der Fall ist. Allzu oft sind die Reaktionen auf derartige Versuche der Darstellung entweder nur sensationsheischend oder aber abfällig. Es konkurrieren dabei das dumpfe Aufbegehren gegen einen wohlgehüteten wissenschaftlichen Konsens, von dem jeder seit je wisse, daß er eine Sache der unbewußten Vereinbarung sei, mit dem saturierten Bezug auf Wahrheiten, die nur eine kleine Gemeinde von Wissenschaftlern versteht und die deshalb auch die größte Verantwortung zu ihrem Schutze trage. Für den sich mit der Materie Herumschlagenden jagt das lüsterne Wühlen nach Neuigkeiten, die den verhaßten Wissenschaftsbetrieb endlich das Fürchten lehren und ihn in die Knie zwingen sollen, mindestens solche Schauer der Antipathie über den Rücken, wie die sonore und beschlipste Selbstgefälligkeit des im Konsens badenden Wissenschaftlers. Beide Parteien haben unbedingt gemeinsam, sich mit der Materie nicht auseinandersetzen zu wollen.

Dabei ist vorhandene oder mangelnde Kompetenz kein Kennzeichen oder Kriterium für diese beiden Parteien. Kompetenz ist keine Frage des akademischen Grades. Das entscheidende Kriterium ist nicht Fachwissen, sondern die Bereitschaft, Fragen solange zu stellen, bis mit den vorhandenen Mitteln geistiger wie materieller Art vernünftige – und das heißt hier: überprüfbare – Antworten gefunden werden können. Außerordentliche Wissenschaft hat so gut wie keine Berührungspunkte mit ganzheitlicher Wissenschaft oder Ähnlichem: Sie ist im Erscheinungsbild der Präsentation ihrer Ergebnisse genauso trocken und vielleicht sogar öder als das Stiefgeschwister der ordentlichen Wissenschaft. Für gewöhnlich wirkt sie sogar abstoßender, jedenfalls für den eingefleischten Wissenschaftler. Sie wirkt um so abstoßender, je mehr der Autor oder Vortragende bemüht ist, Bilder allgemeinverständlicher Art für seine Entdeckungen vorzubringen. Diese Bilder sind unsanktioniert und deswegen stechen ihre Vorläufigkeit, ihre Unbeholfenheit und ihre vermutlichen Fehlerquellen besonders ins Auge. Das sollte jede Veranschaulichung wissenschaftlich produzierter Fakten eigentlich auch tun. Daß dies nicht der Fall ist, liegt an der Verabsolutierung der in Bilder gegossenen Resultate der exakten Wissenschaften, egal ob es sich um das Atommodell, die Evolutionslehre oder – um den Energieerhaltungssatz handelt.

Das reflexartige Naserümpfen des ausgebufften Wissenschaftlers ordentlicher Couleur angesichts außerordentlicher Fragestellungen und Gedanken ist uns ein Indiz – und keineswegs das einzige –, daß es mit den Grundaxiomen, Gesetzen und »Hauptsätzen« der Wissenschaft nicht so weit her ist, wie es für gewöhnlich suggeriert wird. Jedes Bild hat seine Grenzen, jedes Gesetz eine mehr oder weniger verschwommene, den Gültigkeitsbereich umschließende Steppe, deren Weitläufigkeit durch tastende Reisen gesichert und die durch sorgfältige Expeditionen noch erschlossen werden muß.

Dieses Buch steht vor der außerordentlichen Schwierigkeit, mit seiner Argumentation zwischen zwei Stühlen zu sitzen respektive zwischen zwei Abteilungen im Regal zu stehen. Die eigentliche Schwierigkeit liegt nicht in dieser bloßen Tatsache, sondern in der Verlokkung, gegen beide Parteien, gegenüber der ordentlichen Wissenschaft und gegenüber den sogenannten Außenseitern, überheblich zu werden. Diese Überheblichkeit hätte nun einen schweren Stand angesichts der Tatsache, daß die benutzte Methodik ein Kind ordentlicher Wissenschaft ist und die Gegenstände selber von diesen Außenseitern stammen. Es ist also ein Kind zweier Parteien, die sich über seine Existenz wundern müßten, denn sie haben – so meinen sie – nichts miteinander gemein.

Polemik her oder hin. Tatsache ist, daß die Außenseiterszene sich abschottet, weil sie auf einen Glorienschein, aber auch auf einen Märtyrerstatus nicht verzichten will, der nun die generelle Problematik von Forschung übersehen und die Nichtigkeit vieler Ideen verdrängen hilft. Diese Situation bedingt die Absaugung großenteils Leichtgläubiger in den Bund der Auserwählten und die Abstoßung von Leuten, die aufgrund ihrer Ausbildung prädestiniert wären, bei einer sauberen Forschung mitzuhelfen. Das ist die eine Seite des Problems. Von der anderen Seite aus sind die Bedingungen ähnlich unproduktiv. Betrachten wir dazu den Umgang der ordentlichen Wissenschaft mit den Hauptsätzen der Thermodynamik, die es letztlich sind, die den ungeheuren Legitimierungsdruck auf jeden Zweifler oder Grübler ausüben. Ein ordentlicher Wissenschaftler geht mit diesen Sätzen so um, daß ihre Verwendung einer Antwort auf die Frage gleichkommt: »Was ist jetzt überhaupt noch möglich?« Da das für möglich Erachtete so ungeheuer vielfältig und kaum untersucht und »gebändigt« ist, erscheint folgende Frage fast überflüssig zu sein: »Wo liegen die Prämissen, aus denen sich die Einteilung in Mögliches und Unmögliches ableiten und welche Prämissen führen zu einer anderen Einteilung?«

Die Physik antwortet auf diese Frage mit einem Verweis auf die Erfahrung, die ihre Hauptsätze stets bestätigt hätte. Sie mag damit sogar recht haben. Diese Antwort geht aber an dem Kern der Frage vorbei, der auf die Möglichkeit der Verschiebbarkeit von Grenzbarrieren zwischen möglich und unmöglich abzielt. Wenn diese Frage als überflüssig erachtet wird, so ist das Ergebnis der Beschäftigung mit Wissenschaft eine mit den »Permutabilitäten«, die aus der Kombination wohlbekannter Bausteine, und die heißen hier: Energieformen, entstehen. Natürlich kann man eine Welt, die auf der Anordnung bekannter Bausteine (= Energieformen) beruht, auch mit Hilfe der Bauanleitung, die dafür entwickelt wurde, richtig beschreiben. Aber so, wie neue Baustoffe ersonnen werden, um die Wärmedämmung von Häusern oder deren Statik zu verbessern, kann innerhalb der Physik nach neuen Energieformen gesucht werden, denn die gegenwärtige Energietechnik kann keineswegs von sich behaupten, den menschlichen Lebensbedingungen und den ökologischen Erfordernissen optimal angepaßt zu sein.

Eine verantwortungsbewußte Wissenschaft sähe sich vor die Aufgabe gestellt, Neues zu entdecken, aber Neues nicht nur innerhalb des Rahmens gesteckter Möglichkeiten, d.h. Energieformen. Sie hat dazu die Mittel, sie hat dazu sogar die notwendigen Forschungskonzepte, denn die Möglichkeiten sind in den gewohnten Konzepten implizit und eigentlich unübersehbar enthalten. Sie könnte da ansetzen, wo sich die Außenseiter tummeln, die es aber ohne Konzept und mit deutlichem Mißbehagen gegenüber methodischer Anstrengung tun. Die eigentliche Potenz der wissenschaftlichen Methode besteht nicht in der fortdauernden Verwendung einer festgelegten Struktur, sondern im gezielten Umgang mit den getroffenen Prämissen, der zu anderen Strukturen und neuen, aber ebenso überprüfbaren Aussagen gelangt wie bisher. Es ist bloße Technik, eine vorgegebene Struktur völlig auszureizen, was ja auch mit großem bis größtem Aufwand betrieben wird. Wissenschaft wäre es, mit Strukturen zu spielen und nach Bereichen in der Natur zu suchen, die dieser neu entworfenen Struktur gehorchen. Solange »die« Wissenschaft dieses nicht als ihre Aufgabe versteht, kann man von außerordentlicher Wissenschaft sprechen und für sie plädieren.

Es zeigt sich, daß auch die Hauptsätze der Thermodynamik einen konzeptionellen Spielraum aufweisen, um jene Gebiete methodisch abzugrasen, die die Außenseiter so beharrlich begehen, ohne deren Landnahme konsequent zu betreiben. Ein »Ausreizen« dieses konzeptionellen Spielraumes ist noch nie Thema innerhalb der Physik gewesen. Der spielerische Umgang mit den Hauptsätzen fehlt. Darin liegt einer der Gründe, weshalb auch eine Kulturgeschichte des Perpetuum mobile zu schreiben ist. Das Herausschälen der Beweggründe für die fehlende Spielleidenschaft soll diese provozieren und motivieren.

Hier wird das methodische Rüstzeug, das die Wissenschaft bereithält, so sehr gepriesen. Was aber steuern die Außenseiter für die Reise in unerschlossene Gebiete bei? Es scheint mir das – zuweilen übersteigerte – Selbstvertrauen zu sein, ein Problem einer Lösung unbedingt zuführen zu können. Mit dieser Formulierung wird aber mehr ein Ge-

2. Über die Schwierigkeiten einer außerordentlichen Wissenschaft

genpol aufgezeigt oder benannt, der für sich selbst genommen nicht direkt hilft, sondern vielmehr das psychologische Drama veranschaulicht, das sowohl von der ordentlichen Wissenschaft als auch den Außenseitern aufgeführt wird.

Eine grobe Skizzierung der unterschiedlichen psychologischen Ausgangspositionen der beiden Parteien könnte so aussehen: Die eine Partei, nennen wir sie die »Techniker«, bemüht sich um die Einhaltung von Regeln, die andere Partei, die der »Erfinder«, hingegen negiert diese weitestgehend. Während der Erfinder einer Idee nachhängt und mehr oder weniger blindlings auf das Ziel zustürmt (weil er es sowieso schon für so gut wie realisiert hält), befindet der Techniker sich inmitten eines Arsenals wohlbekannter und -beherrschter Kleinstrategien, die er auf geeignete Weise benutzt, um ein System zu realisieren. Während der Erfinder keine Sorge um das Gelingen kennt, hat der Ingenieur

> »eigentlich immer Sorgen, denn seine Technik ist kompliziert. Er steht immer unter der Last, alles richtig gemacht zu haben« [Spur, TAZ 29.1.87; 18].

Um die Spannung zwischen den beiden Positionen in ein anderes Licht zu stellen: Der Erfinder hat ein Ziel vor Augen, der Techniker die Komplexität seines Systems. Die Bemerkung über den Ingenieur steht in einem bemerkenswerten Gegensatz zu nicht weniger eindrucksvollen Sätzen, die gleichsam wie eine jetzt lustbetonte Replik auf jenes Klagelied erscheinen und dabei eine ganz andere Geschichte erzählen:

> »Jeder Ingenieur hat die Erquickung erfahren, die von der völligen Versunkenheit in eine mechanische Umwelt ausgeht. Die Welt wird eingeschränkt und handhabbar, kontrolliert und unchaotisch. Für eine Weile sind persönliche Sorgen, besonders die geringfügigen Sorgen, vergessen, während die Muster eines geordneten und wohl umschriebenen Bildes das Denken bezaubern.«

In einer »existentiellen Beglückung« entfliehe die Seele dem Körper des Ingenieurs und fliege in eine Welt der Maschinen.

»Die innere Logik der Arbeit ergriff ihn, unterdrückte alle anderen Gefühle und Gedanken« [Wagner 1986; 237 ff].

Kommen wir zur spröden Prosa zurück. Es scheint doch, als wäre die anfangs betonte Sorge des Ingenieurs um das Wohlergehen seiner technischen Güter etwas eher Künstliches, denn eigentlich weiß der Ingenieur ja ganz genau, wie er dieser Sorgen ledig wird: Er braucht sich nur an die erlernten und durch die Praxis bestätigten Regeln zu halten. Dann kann er sich quasi vorbehaltlos den Sorgen hingeben, weiß er doch, daß er sie mit Sicherheit abarbeiten, auslöschen kann. Wenn nun an dem Satz, der Ingenieur sei eigentlich ein Lebenskünstler, insofern er sich mit gerade den Sorgen zu belasten vermag, deren »Entsorgung« er beherrscht, etwas dran ist, so wirft er ein Licht auf die Schwierigkeiten, die ein Ingenieur oder auch Wissenschaftler mit dem spielerischen Umgang mit seinen »Regeln« haben muß: Er wird darin eine Gefahr für seine Art der Lebenskunst sehen. Da ihm diese »Regeln« und Gesetzmäßigkeiten Mittel zu einem Zweck sind, wird er sie nicht beliebig zur Disposition stellen wollen.

Was hat es dagegen mit dem Erfinder auf sich, von dem ich behauptet habe, er kümmere sich um Regeln und Methoden nicht, da er sich sicher wähnt, das Ziel bereits so gut wie verwirklicht zu haben? Der Erfinder ist auch ein Lebenskünstler, aber auf andere Weise. Er ist ein Sonderling. Er will von den anderen nichts wissen, keine Ratschläge bekommen oder sich über Probleme unterhalten. Er hat seine ganz persönlichen Mittel und Wege für die Erfolgsgarantie. Lebenskünstler ist er, weil er von dem Gedanken an die Idee lebt, die er entwickelt hat und – im Gegensatz zum Ingenieur – alles von sich fernhält, das den Verdacht wecken könnte, sie sei nicht oder auch nur so nicht realisierbar. Den Lustgewinn bringt die Zuversicht, hier als einziger etwas ganz Wichtigem auf die Spur gekommen zu sein, ein Geheimnis als erster aufzudecken. Weil er der einzige ist, kann von anderen auch

2. Über die Schwierigkeiten einer außerordentlichen Wissenschaft

kein Widerspruch angenommen werden, denn die verstehen es nicht. Lakonisch formulierte es Artur Fischer in einem »Handbuch für Erfinder und Unternehmer«:

»Oft werden Ziele viel zu hoch angesetzt, und es wird in traumtänzerischer Weise versucht, das Glück zum Vater des Erfolgs zu machen« [Fischer 1987; 83].

Das sind die Gründe, warum außerordentliche Wissenschaft sich unter ausschließlicher Obhut einer der beiden gegensätzlichen Parteien nicht entwickeln kann. Außerordentliche Wissenschaft kann keinen Lustgewinn verschaffen aus der Befolgung existierender Regeln oder Gesetze: Sie soll ja gerade mit ihnen spielen. Der Lustgewinn wird auch nicht aus der Setzung des Ziels kommen, denn es ist verwegen und dies vermittelt zwar ganz schnell das Gefühl, hier »Vorreiter« und »Vordenker« zu sein, was man aber nur bleibt, wenn es keine Fehlschläge und Irrtümer gibt. Fehlschläge und Irrtümer werden sich aber als natürliche Geschwister der außerordentlichen Wissenschaft beigesellen wie die Möwen dem Fischkutter.

Diese eher beiläufigen und unbewiesenen Ausführungen sollen helfen, die psychologische Situation begreiflich zu machen, aus der heraus sowohl die verbreitete Abscheu gegen als auch die Begeisterung für das Perpetuum mobile entsteht. Das Perpetuum mobile bringt zwei Aspekte zugleich mit sich. Einerseits ist es ein Konzentrat für die Gewißheit, daß etablierte Regeln nicht einmal mehr verteidigt werden müssen (denn das Perpetuum mobile ist das Symbol für eine »natürlicherweise« gegebene Unmöglichkeit). Andererseits stellt das Perpetuum mobile das »natürliche« Ziel und Wunschbild unserer Epoche dar. Wer es realisiert, setzt der Begrenztheit der Brennstoffvorräte ein Ende: Es wird direkt oder indirekt zum Mittler und Impulsgeber für eigentlich alle existierenden politischen Utopien.

Die Möglichkeit eines Perpetuum mobile ist Außenseitergedankengut. Das Kennzeichen unserer Epoche ist seine Unmöglichkeit. Wenn auch beiden Einstellungen ein vergleichbares Bedürfnis nach »Lebenskunst« (oder vielleicht auch nur: Lebensbewältigung) unterliegt, wird sich eine Kulturgeschichte des Perpetuum mobile vorrangig auf die Frage beziehen müssen: Warum ist das Bedürfnis, es als unmöglich darzustellen, so groß?

Ein Motiv dafür ist die Unterstellung einer unbedingten Kausalität innerhalb der Natur. Der Energieerhaltungssatz als positive Fassung des Satzes vom unmöglichen Perpetuum mobile wird für gewöhnlich als eine andere Form der Aussage über die Kausalität in der Natur aufgefaßt. Dabei sind sich die Autoren durchaus im klaren, daß eine »Kausalität in der Natur« sich letztlich auf unsere Auffassung von der Natur, nicht aber auf sie selber bezieht. Wir wollen diese Auffassung haben, müssen sie haben, um ein sinnvolles Bild von der Natur zeichnen zu können.

Der Prozeß hin zu einem sinnvollen Bild von der Natur mag aber durchaus Stationen einschließen, in denen wir die Phänomene nicht in eine bestätigte Kausalbeziehung setzen können. Beispiele dafür gibt es genug. 1978 entdeckten J.W. Christy und R.S. Harrington einen Satelliten des Planeten Pluto. Was man bislang für einen »großen« Einzelkörper gehalten hatte, entpuppte sich als Trugbild, erzeugt von zwei »kleinen« Körpern, die durch optische Fernrohre über die große Distanz nur durch Zufall aufgelöst werden konnten. Damit wurde aber deutlich, daß der Einfluß von Pluto und seinem Satelliten nicht mehr ausreichte, um die markanten Abweichungen der Planeten Neptun und Uranus von ihren vorausberechneten Bahnen zu erklären. Man vermutet entweder einen zehnten Planeten, der bislang noch nicht entdeckt worden ist, oder sogar eine zweite, allerdings dunkle Sonne als Begleiterin unseres Zentralgestirns, die die Bahnabweichungen verursachen könnten.

»Störungen« in der berechneten Bahn von Uranus veranlaßten bereits im 19. Jahrhundert die Suche nach einem bis dahin unentdeckten Planeten und führten zur Entdeckung von Neptun. Diese Suche nach neuen Planeten spielt sich ganz im Rahmen der klassischen Mechanik ab. Es ist gewissermaßen auch ein »klassischer« Indizienbeweis, der hier geführt wird. Im Raum des Sonnensystems herrsche die Gravitationskraft. In der Bewegungsgleichung für den einzelnen Planeten können auf der Seite, wo die »Ursachen« für die gemessene Bewegung aufgelistet werden, dann auch nur die einzelnen Gravitationskräfte erscheinen, die von anderen Körpern aufgrund ihrer Masse ausgehen. Reicht nun die Summe der Kräfte bekannter Körper nicht aus, muß ein weiterer entsprechender Summand her, um die auf der anderen Seite der Gleichung stehende und gemessene Bewegung exakt wiederzugeben. in einem allgemeineren Rahmen eines solchen Indizienbeweises für die Existenz weiterer Ursachen für die Bewegung der Himmelskörper wäre es allerdings auch möglich, nicht nur Gravitationskräfte aufzuzählen, sondern Kräfte anderer Natur einzuführen, z.B. elektromagnetische Kräfte. Die Beobachtung der Bahnen zahlreicher Kometen um die Sonne legen den Schluß nahe, daß nicht nur Gravitationskräfte, sondern auch Kräfte anderer Natur herangezogen werden müssen, um den Verlauf der Bahnen richtig wiederzugeben.

Vorhin ist der Begriff des »sinnvollen Bildes« von der Natur gefallen. Wo liegt jetzt der Sinn? Liegt er darin, daß eine Erklärung zu haben alleine schon sinnvoll ist, oder daß das Bild, das sich ergibt, einen Sinn ergeben muß? Ich denke, daß die Wissenschaft darauf folgende Antwort hat: Das Bild von der Natur ist sinnvoll, wenn die erkannten Phänomene auf nachprüfbare Gesetzmäßigkeiten zurückgeführt werden können. Die Fülle des Sinns er gäbe sich dann aus der Lückenlosigkeit der erkannten Gesetzmäßigkeiten. Sinnlosigkeit entstünde durch eine prinzipielle Unmöglichkeit, Phänomene auf Gesetzmäßigkeiten zurückzuführen. Das Perpetuum mobile ist ein Symbol der Sinnlosigkeit.

»Es gibt keinen Sinn in der Natur, sondern nur in der Art des Bildes, das von der Natur gemacht wird.« Sollte das das Selbstverständnis der Wissenschaft korrekt wiedergeben, so ergibt sich doch eine erhebliche Differenz zu der historischen Bedeutung der Frage: Warum ist die Welt so, wie sie ist? Die Bedeutung dieser Frage scheint nur noch eine historische zu sein, denn die zurückliegenden Lösungsversuche zu dieser so bewegenden wie banalen Frage erscheinen uns tatsächlich verfehlt, gestelzt und vielleicht auch kindisch. Wir wundern uns über die Beharrlichkeit, mit der diese Frage in zurückliegenden Epochen immer wieder angegangen wurde und fühlen uns von der Notwendigkeit, eine Antwort zu finden, emanzipiert, weil wir uns schon lange keine Lebenshilfe mehr von ihr versprechen. Aber gibt es nicht einen Kern in der modernen Wissenschaft, wo sie immer noch aufgehoben wird, und sei es nur durch die Versicherung, daß die Frage an sich überflüssig sei?

Warum ist die Welt so, wie sie ist?, das ist eine Frage nach dem Sinn in der Natur. Ich möchte jetzt etwas provokativ assoziieren und Verbindungen herstellen. Das Perpetuum mobile mag ein Symbol der Sinnlosigkeit sein, weil eine unerklärbare Natur keinen Sinn für den Menschen macht. Doch zu Ende gedacht ist das Perpetuum mobile ein Symbol des Nichtwissens: Wir können nicht erwarten, stets alle Ursachen für ein Phänomen an der Hand zu haben. Der Sinn in der Natur, das ist jetzt der auf der Hand liegende Schluß, ergibt sich für die moderne Wissenschaft durch eine, ich möchte sagen, zwangsweise hergestellte Sinnhaftigkeit des Bildes von der Natur von ganz alleine und ohne noch weiter fragen zu müssen. Die Frage nach dem Sinn in der Natur erscheint blockiert. Und zwar durch die gut angelegte Ausgrenzung des Sinnlosen aus dem Bild von der Natur. Das hieße nun, daß durch eine Rehabilitierung des nur scheinbar Sinnlosen für die Wissenschaft automatisch auch wieder die Frage nach dem Sinn in der Natur gestellt werden muß. In diesen Zirkel müssen wir uns aber nicht begeben. Diese Kulturgeschichte des Perpetuum mobile wird viel eher anzeigen, daß auf die Frage nach dem Sinn in der Natur die Antwort aus der Natur selbst nicht zu erwarten ist, sondern daß damit eigentlich nur eine weitere Frage aufgeworfen wird: »Warum wird diese Frage immer wieder so dringlich gestellt?« Und das ist endlich eine Frage, bei der über die Sinnhaftigkeit der Antwort nicht mehr die Natur, sondern der Mensch selber entscheidet.

3. Mit hergestelltem Sinn durch die Natur

Es gibt viele verbale Formulierungen sowohl des ersten als auch des zweiten Hauptsatzes. Ich gebe die beiden gebräuchlichsten Varianten an:

> *Erster Hauptsatz:* Es ist unmöglich, eine periodisch arbeitende Maschine zu konstruieren, die fortlaufend mehr Arbeit abgibt als zu ihrem Betrieb aufgewendet werden muß.

> *Zweiter Hauptsatz:* Es ist unmöglich, eine periodisch arbeitende Maschine zu konstruieren, die weiter nichts bewirkt als Arbeit zu leisten und ein Wärmereservoir abzukühlen.

Ist es nicht an der Zeit sich zu wundern, daß die beiden wichtigsten physikalischen Aussagen über Abläufe in der Natur, die nicht nur die Theorie sondern auch die moderne Naturphilosophie begründen, als *konstruktionstechnische* Aussagen bzw. Verbote formuliert worden sind? Auch in der Technischen Mechanik ist es völlig unüblich, die wichtigen Gesetzmäßigkeiten auf diesem anthropischen Niveau festzuhalten. Sie werden vielmehr durch die Messung von Stoffeigenschaften und Zeitverläufen physikalischer Größen ergründet und ausgelotet. Eine Bindung an technische Prozesse ist nicht vorgesehen, denn die Variationsbreite natürlicher Ereignisse ist viel mannigfaltiger als die jener Prozesse, die dem Menschen nützlich sind und von ihm gezielt herbeigeführt werden können. Eine Aussage, welche Ergebnisse erzielt oder welche Abläufe hervorgerufen werden können und welche auf keinen Fall, ergibt sich über die erkannte Variationsbreite physikalischer Größen und nicht aus einer Einengung denkbarer technischer Prozesse. Nur auf der Grundlage von Messungen physikalischer Größen in beliebigen Naturprozessen lassen sich Hauptsätze formulieren (oder verifizieren). Auf diese Einsicht werden wir in den nächsten beiden Kapiteln unsere Analyse möglicher und unmöglicher

Prozesse gründen, um die Stichhaltigkeit des Diktums vom ausgeschlossenen Perpetuum mobile zu überprüfen.

Der Erste Hauptsatz wird auch als Energieerhaltungssatz bezeichnet bzw. formuliert. Er hat eine einzigartige Stellung sowohl für die Naturwissenschaften als auch für das moderne Denken eingenommen. An seine Bedeutung reicht lediglich der Entropiesatz heran, der vor allem mit der Aussage in Verbindung gebracht wird, daß das Universum im Laufe der Zeit den Zustand größter Unordnung und damit den sogenannten Wärmetod anstrebe. Bei genauerem Hinsehen bleibt von dieser Interpretation des Entropiesatzes – und die Physiker waren die ersten, die das klar herausgestellt haben – allerdings wenig übrig.

Die meta-physikalischen Interpretationen dieser beiden Hauptsätze, die hinsichtlich der Sicherung des Bestandes und der Sinnhaftigkeit unserer Welt geradezu antithetisch sind, entpuppen sich als zusammengehöriges Schema, das wir in verblüffend ähnlicher Form auf vielen anderen Gebieten der Wissenschaft wiederentdecken können. In Abstechern in die Bereiche Geologie, Evolutionstheorie und Psychologie, die wir am Schluß dieses Buches wagen werden, soll solchen Strukturähnlichkeiten hinsichtlich der modernen Sichtweise von Prozessen nachgespürt werden. Teilweise ist die Entdeckung und Verwendung der beiden Hauptsätze der Thermodynamik, die zur Etablierung der Begriffe »Energie« und »Entropie« geführt haben, eine Wirkungsgeschichte bezüglich anderer Wissenschaftszweige. Zu einem erheblichen Teil läßt sich aber in der Durchsetzung der Hauptsätze der Thermodynamik auch eine spezifisch verkleidete Reaktion auf ein viel allgemeineres Bedürfnis nach »Formeln« entdecken, die die besonderen Unsicherheiten der Neuzeit zu überdecken haben.

Der erste Hauptsatz der Thermodynamik ist in vielerlei Hinsicht kompliziert genug. Inhaltlich gesehen auf jeden Fall, aber auch hinsichtlich seiner Entstehung und Etablierung einschließlich der Frage, warum seine Entwicklung so vehement und – nicht zuletzt – warum diese so spät eingesetzt hat? Der zweite Hauptsatz wirft Fragen ebenso großer Tragweite auf. Er »paßt« nicht. Er paßt vor allem nicht wegen der düsteren Aussichten, die der aus ihm gefolgerte »Wärmetod« aufgeworfen hat. Der erste Hauptsatz steht für eine Vergewisserung der Sinnhaftigkeit der Naturbetrachtung und greift zugleich auf die Natur durch: Er ist ein Kontrakt, daß die Natur keine Überraschungen für uns bereithalten wird. Das wäre dann der Sinn, den man in der Natur entdecken könnte: Daß sie schon keinen Unsinn für uns anstellen wird. Natürlich ist das eine Interpretation, die sich nur »textimmanent« im Vorangegangenen herausgestellt hat und erst später »kulturgeschichtlich« erhärtet werden soll. Aber der zweite Hauptsatz scheint dieser Absicht entgegenzuarbeiten, denn er ist mit dem Makel der puren Sinnlosigkeit behaftet: Der Vorhersage des Verfalls. Nun muß man diesen Widerspruch schon dadurch entkräften, daß diese Wärmetod-Prophezeiung ein »Bastard« ist, der das Licht der Wissenschaftswelt erst nach der Etablierung des zweiten Hauptsatzes erblickt hat. Der spezielle Perpetuum-mobile-Gedanke, der diesen zweiten Hauptsatz begründete, war zuerst da, aber er hat auch etwas mit »Entwicklung«, mit Zeit zu tun.

Es gibt verschiedene Arten von Perpetua mobilia. Die Physik hat sie auch fein säuberlich in solche erster und solche zweiter Art unterschieden. Das erster Art haben wir schon vorgestellt. Es ist das, was gibt ohne zu nehmen, das etwas bewirkt, ohne daß die Ursache zu erkennen wäre, nein, halt: ohne daß eine Ursache existiert. Das Perpetuum mobile zweiter Art gewinnt seine Konturen nicht aus einer Verallgemeinerung erkenntnistheoretischer Voraussetzungen sondern bezieht sich explizit auf Naturprozesse: Wärme kann nicht vollständig in Arbeit verwandelt werden. Diese Formulierung steht in engem Zusammenhang zur Dampfmaschinentechnik, doch was war der eigentliche Ausgangspunkt gewesen, der Blick in die Natur also, der erst später zu dieser spezifisch technischen Formel umgemünzt wurde?

Dazu ist weiter auszuholen. Der erste und der zweite Hauptsatz sind miteinander verknüpft. Sie machen beide Aussagen über die Verwandelbarkeit von Energie in verschiedene Formen. Der erste stellt fest, daß diese Konvertierbarkeit nur zu festen Wechselkursen stattfindet und weiterhin – und das nur noch implizit –, daß erst dieser Umstand die Möglichkeit sicherstellt, ein sinnvolles Bild von der Natur zeichnen zu können. Der zweite Hauptsatz ist spezieller und zugleich restriktiver. Er setzt die Anerkennung des ersten voraus und schneidet aus allen möglichen Tauschaktionen bestimmte Tauschaktionen heraus. Der erste Hauptsatz sichert die Erkennbarkeit der Realität, der zweite gibt ihr eine Kontur. Beide Sätze sind – in ihrer verbalen und nicht-mathematischen Formulierung – Sätze, die Verbote aussprechen, und zwar Verbote für die Technik: »Es gibt keine Maschinen, die ... «; so fangen beide Sätze an. Warum sind die beiden wichtigsten Sätze der Physik, ihre »Hauptsätze« eben, als negative technische Anweisungen formuliert?

Man könnte vermuten, daß diese »Unmöglichkeitsaussagen« so etwas wie Auslandsschutzbriefe darstellen, die dazu beitragen sollen, daß technische Expeditionen auch durch reihenweise versteckte Sackgassenschilder in ihrer Fahrt unbeeinträchtigt bleiben sollen:

>»Je vollständiger aber des Irrtums Bahnen durchlaufen sind, desto sicherer werden sie auch zurückgemessen und dienen dann nur als Wegweiser auf dem rechten Weg« [Feldhaus 1910; 218].

Es muß aber noch einen anderen Grund haben als nur den, permanent auf die mühsam durch Fehlschläge erzielte Erkenntnis hinzuweisen, daß es ein Perpetuum mobile, welcher Art auch immer, nicht gibt. Dieser technischen Unterscheidung zwischen möglich und unmöglich entspricht in gesellschaftlicher Hinsicht die Unterscheidung von Recht und Unrecht: Unrecht hat nicht zu geschehen und als solches muß es natürlich erläutert werden. jeder kennt die Floskel, daß das, was nicht verboten ist, erlaubt sei. Der für unser Problem annehmbare Kern lautet dann: Es ist immer noch einfacher, eine endliche Anzahl von Verboten zu katalogisieren, als eine unendliche Anzahl von Erlaubnissen. Das trifft mit Sicherheit auch auf die Hauptsätze der Thermodynamik zu; da die Möglichkeiten sowieso nicht aufzählbar sind, will man wenigstens die gesicherten Unmöglichkeiten aufgelistet wissen.

3. Mit hergestelltem Sinn durch die Natur

Diese Hauptsätze werden in etwa mit derselben Gewißheit benutzt wie die Aussage, daß jeder Mensch sterben müsse. Aber die erzielte Evidenz ist eine ganz andere. Ich möchte dazu einen Vergleich versuchen. Feldforschern der Anthropologie ist es geläufig, daß einige noch lebende Volksstämme überzeugt sind, daß jeder Menschentod gewaltsam ist. Für sie ist der Tod gleichbedeutend mit Mord. Dem Tatbestand des Todes ist eindeutig ein Delikt zugeordnet: der Mord. Es heißt dann, daß es unmöglich sei, einen Toten zu finden, der nicht durch den böswilligen Einfluß eines Feindes des Stammes umgekommen sei. Kurz gesagt, den Formulierern dieses archaischen Hauptsatzes wäre die Möglichkeit einer endogenen Todesursache nicht geläufig. Ohne weiteres ließe sich dieser Satz noch härter formulieren: Die Möglichkeit einer endogenen Todesursache wäre undenkbar. Für die meisten westlichen Medizinmänner gehört der Schluß, daß eine endogene Todesursache vorliegt, zum beruflichen Alltag, und nicht selten wird ein Totenschein mit der Bemerkung »Todesursache unbekannt« ausgestellt.

Nun mag diese Abschweifung suggerieren, die Hauptsätze der Thermodynamik seien ähnlich archaisch, von einer wilden Dummheit sozusagen. Aber das genaue Gegenteil war beabsichtigt. jener archaische Volksstamm mutmaßt einen technischen Vorgang, wo ein biologischer vorliegt, und »biologisch« kann hier durchaus als Synonym für »unverstanden« oder »nicht immer analysierbar« genommen werden. Die Thermodynamik hingegen ist vorsichtiger und vielleicht auch klüger. Im Grunde genommen könnte man die Aussage, daß eine Maschine, die mehr Energie abgebe als zu ihrem Betrieb notwendig sei, nicht existiere, mit etwas mehr Sympathie bzw. in einer abgemilderten Fassung lesen, etwa so: »Es gibt keinen Techniker, der eine Maschine vorführt und nicht weiß, warum sein Gerät mehr Energie abgibt, als zu ihrem Betrieb notwendig ist.«

Mit dieser Wendung rühren wir an die Tatsache, daß der erste Hauptsatz tatsächlich einen vernünftigen und pragmatischen Kern hat. Wer konstruiert schon eine periodisch arbeitende Maschine, deren wesentliche Wirkungslinien er nicht kennt? Oder anders gefragt: Wer ist so genial, eine periodisch arbeitende Maschine zu gestalten, die Arbeit abgibt, ohne daß der Konstrukteur weiß, woher der Energieinput stammt? Es gibt jedoch eine weitergehendere Bedeutung des ersten Hauptsatzes. Bislang stand nur zur Diskussion, wie es sein könne, daß ein Bankschalter (= Energiekonverter) aus seiner Kasse auf Dauer mehr Geld (= Energie) herausgeben kann, als er hereinbekommt. Geld in einer noch unbekannten Währung muß ständig in diese Kasse hineinfließen, das den einzahlenden und abhebenden Kunden als solches gar nicht gewahr wird, die aber vom Bankschalter akzeptiert und zu einem bestimmten Wechselkurs in bekannte Währungen eingetauscht und auch ausgezahlt wird. Was passiert nun, wenn der Wechselkurs schwankt? Dann gibt es saubere Bilanzen nur, wenn bei jeder Tauschaktion auch gleichzeitig der Wechselkurs notiert wird. Ein Währungsspekulant ist in diesem übertragenen Sinne ein Perpetuum mobile erster Art. Er kann mit zwei Währungen, die im Wechselkurs gegeneinander schwanken, auf Dauer in einer Währung Kapital anhäufen, wenn er nur immer zum richtigen Zeitpunkt eine Geldsumme die Währung wechseln läßt. (Ein wahres Perpetuum mobile ist dieser Spekulant natürlich nur, wenn der Wert eines Warenkorbes im Verhältnis zu der Währung, die er hortet, konstant bleibt.)

Diese nicht unwesentliche Unterscheidung bei einem Perpetuum mobile erster Art – einmal »Bankschalter mit unbekannter Geldquelle« und dann der »Währungsspekulant« – soll auch an einem physikalischen Beispiel verdeutlicht werden: Die Bewegung eines Elektrons um eine ruhende positive Ladung als grundlegende Vorstellung über die Vorgänge im Atom. Dieses Modell löste um die Jahrhundertwende die alte Kontinuumsvorstellung für die Mikrowelt ab, barg aber vor der Entwicklung der Quantentheorie ein großes Rätsel der Mechanik. Nach Ernest Rutherfords Experimenten zur Erkundung der Gestalt der Atome kamen die Physiker zu der Ansicht, daß ein Atom im wesentlichen »hohl« sei. Es habe einen winzigen Kern, der positiv geladen ist, und eine Anzahl von um den Kern kreisenden Elektronen mit negativen Ladungen. Es war also nicht mit Masse erfüllt, sondern im wesentlichen leer. Die um den Atomkern kreisenden Elektronen bereiteten allerdings erhebliches Kopfzerbrechen. Man wußte ja, daß ein derart bewegtes Elektron eigentlich Energie in Form von Radiowellen ausstrahlen müßte, und zwar auf Kosten der Bewegungsenergie. Folglich müßte das Elektron binnen kurzem in den Kern stürzen und damit wäre das Atom als solches nicht mehr existent. Nichts dergleichen war allerdings zu beobachten. Keine Strahlung, und auch kein Zerfall. Als Metapher gesagt: Das Elektron als »Bankschalter« verweigert den Eintausch der Währung »Bewegungsenergie« gegen die der »elektromagnetischen Energie«. Es bleibt auf seinem Bestand von »Bewegungsenergie« sitzen. Die Axiomatisierung dieses Tatbestandes war dann der Ausgangspunkt der Quantentheorie.

Ernest Rutherford
(1871-1937)

An dieser Stelle hätte man aber auch noch über ein ganz anderes Problem philosophieren können. Man beschrieb das Atommodell mit denselben Ansätzen und Methoden wie die Astrophysik die Himmelskörper. Entsprechend waren die Bewegungsgleichungen für Elektron und Kern dieselben wie z.B. für Erde und Sonne. Die Ergebnisse sind dann auch strukturgleich. Bei beiden gibt es stationäre Lösungen: Geschlossene Bahnen, die periodisch durchlaufen werden oder offene Bahnen, bei denen der kleinere Körper aus dem Unendlichen kommt und um den Zentralkörper herumschwingend auch wieder dorthin verschwindet. Bei diesen Bewegungen gibt es eine Erhaltungsgröße: Die Summe aus kinetischer und potentieller Energie. Nicht bei jeder Art der Wechselwirkung gibt es eine Erhaltungsgröße, aber bei den Zentralkräften, aus denen die bekannten Ellipsenbahnen für die Himmelskörper (bzw. für die Elektronen) folgen, gibt es das.

Weil von den Beträgen der kinetischen und der potentiellen Energie auf Dauer nichts abfließt, bleibt die Bewegungsform erhalten und sind die Bahnen stationär. Die Bewegungsgleichung für das Elektron um den Kern wäre genau genommen anders und komplizierter als die für die Erde um die Sonne. Es taucht nämlich der Term auf, der für das Absaugen der Energie aus dem mechanischen System verantwortlich ist und es ständig dem Konto elektromagnetische Energie zubucht. Bei der Beschreibung eines schwingenden elektrischen Dipols tritt diesem negativen Term ein positiver entgegen, der diese Energieabnahme kompensiert und im Zeitmittel die Differenz erstattet. Dann sieht es so aus, als sei der Dipol ein in sich ruhendes schwingendes System, aber in Wirklichkeit pumpt er die ganze Zeit Energie von einer Form in die andere. In der Bewegungsgleichung taucht auch eine »Konstante« auf, der Bruch e/m, also das Verhältnis aus Elektronenmasse und -ladung. Und genau die dürfte keine Konstante sein, wenn der Betreiber des Radiosenders ein »Energiespekulant« wäre. Dieser Quotient e/m beschreibt letztlich den Tauschwert zwischen mechanischer und elektrischer Energie und »gewährleistet« als Konstante, daß bei einem Radiosender die eingesetzte und ausgestrahlte Energie in einem konstanten Verhältnis steht. Variierte dieses Verhältnis mit der Zeit, z.B. als harmonische Schwingung um einen Referenzwert, dann ließen sich »energiespekulationsmäßig« Verfahren ersinnen, die Energieformwandlungen so betreiben, daß man auf Dauer in einer Energieform Beträge anhäuft und diese dann umsonst nutzen könnte.

Solche Szenarien kann man unter zwei Aspekten betrachten, einem eher konservativen und einem eher progressiven. Der konservative Standpunkt – der einiges für sich hat – würde sich in etwa so darstellen:

»Wir sollten froh sein, daß 1. die Äquivalente zwischen den einzelnen Energieformen konstant sind und 2. daß wir alle Energieformen

3. Mit hergestelltem Sinn durch die Natur

kennen. Denn nur so können wir planen und – innerhalb der technischen Sphäre – »Zukunft« vorhersehen. Sollten diese beiden Bedingungen nicht erfüllt sein, kann es keine Sicherheit beim Experimentieren und demzufolge auch nicht bei der Konstruktion von technischen Geräten geben.«

Der progressive Standpunkt würde sich durch ein Zerpflücken dieser Aussage am besten darstellen können:

»Bei allen technischen Geräten, die wir kennen, sind beide Bedingungen erfüllt. Und das ändert sich in keiner Weise, sollten wir tatsächlich einmal Experimente durchführen können, bei denen eine dieser beiden Bedingungen oder sogar beide nicht erfüllt sind. Solche Experimente sind deswegen auch nicht weniger systematisier- und analysierbar. Ihre erfolgreiche Durchführung impliziert wiederum die Planbarkeit technischer Geräte und Verfahren, die aber völlig neue Konsequenzen etwa hinsichtlich der Belastung der Rohstoffvorräte haben können.«

Der einzige Streitpunkt, der sich ergeben könnte, wäre die Frage nach der Realisierbarkeit von Experimenten, die entweder der ersten Bedingung, Konstanz der Energieäquivalente, oder der zweiten, nur bekannte Energieformen, widersprechen. Festzustellen ist, daß diese Frage ernsthaft eigentlich noch nie gestellt wurde. Der Grund dafür liegt in der unreflektierten Behauptung, daß die Natur für uns nicht erkennbar wäre, wenn nichtbeide Bedingungen erfüllt sind. jedenfalls ist das der erkenntnistheoretische Tenor hinter der Begründung, daß ein Energiesatz sowieso gelten müsse, weil sonst keine kausalen Beziehungen in der Natur aufzudecken wären. Nun ist das eine Forderung an die Natur zu unseren Gunsten. Man kann diese Forderung beinahe anthropomorph nennen. Da wird etwas von der Natur gefordert, was wir eigentlich nur von unseren Mitmenschen erwarten können. Die Natur erscheint als eine Art Wirtschaftssubjekt, das sich am Markt der Erkenntnis gefälligst nach den herrschenden Regeln zu richten habe. Sie hat sich »ordentlich« zu verhalten für eine ordentliche Wissenschaft.

Die Natur verhält sich – auch nach anthropomorphen Kriterien – keineswegs unordentlich, höchstens einmal außerordentlich; dann erkennen wir, daß sich die Natur um unsere Gesetze nicht schert. Deswegen muß Wissenschaft außerordentlich sein, indem sie die geschaffenen Ordnungen nach Schlupflöchern, Falltüren, doppelten Böden und übersehenen Türen abklopft und sie nach und nach in den Aufriß mit einzeichnet.

Diese nachhaltig einäugige Einstellung zur Natur wird bei der ordentlichen Interpretation des zweiten Hauptsatzes noch deutlicher. Es heißt dort, daß es keine periodisch arbeitende Maschine gibt, die Wärme vollständig in Arbeit verwandelt. So ein ähnliches Verbot hat auch die Quantentheorie in ihren Anfängen versucht. Etwa so: »Es gibt kein periodisch um einen Kein kreisendes Elektron, das seine Bewegungsenergie in elektromagnetische Strahlung umwandelt und ausstrahlt.« Der Kenntnisstand war hier aber ein anderer als in der Thermodynamik. Man war im Rahmen der Vorstellungen, die man sich vom Atom gemacht hatte, bei der Erkenntnis angelangt, daß das Elektron um den Kern kreisen müsse, aber ganz offensichtlich dabei keine Energie abstrahlt. Diesem frühen quantentheoretischen Hauptsatz ging also das Staunen voraus; er wurde mehr oder weniger zum Kniefall vor den Tatsachen, oder besser: vor den Erkenntnissen.

In der Thermodynamik war die Situation, die zu der Formulierung des zweiten Hauptsatzes führte, eine ganz andere. Von Erkenntnissen, in diesem Fall sogar wirklich von Tatsachen, ging man zwar auch aus. Aber die bezogen sich auf die Natur und nicht auf Maschinen. Die Tatsache war simpel und nachvollziehbar: Wärme geht niemals allein von einem kälteren auf einen wärmeren Körper über. Dieser Satz bündelte die Erfahrung, daß stets ein Temperaturausgleich zwischen zwei Körpern abläuft, der auf Kosten der höheren und zugunsten der niederen Temperatur ging. Warum wird in diesem Satz eine Maschine eingeführt?

Beim ersten Hauptsatz, das haben wir gesehen, machte die Einarbeitung einer Maschine einen Sinn. Dieser ergibt sich aus der Einsicht, daß es ein purer Glücksfall wäre, wenn jemand tatsächlich einen Energiekonverter präsentiert, der mehr Energie abgibt als aufnimmt und nicht weiß, warum das funktioniert. Zufälle – auch außerordentliche Zufälle – sollten höchstens ein Gegenstand der Spekulation sein. Die fatale Situation beim zweiten Hauptsatz ist aber die, daß man seit 1824 weiß, wie die Maschine aussehen muß, die Wärme vollständig in Arbeit verwandelt (Genaueres dazu im Kapitel 5, »Was ist Entropie?«). An ihr ist nichts Sensationelles, es bedarf keiner Spekulationen, um Wissenslücken zu füllen. Aber man hält sie für unmöglich bzw. für nicht realisierbar.

Der Grund liegt in Folgendem und wird mit Hilfe eines Gedankenexperiments verdeutlicht: Man denke sich (das ist so der Stil eines Gedankenexperiments) einen Felsbrocken auf halber Höhe eines steilen Abhanges. Natürlicherweise kann der Stein nur nach unten fallen, wobei sich die Temperatur des Gesteins längs des Weges, den der Stein rollt, erhöht. Niemals würden wir beobachten können, daß der Stein hochrollt und dabei den Pfad aufwärts abkühlt. Nur ein Perpetuum mobile zweiter Art wäre in der Lage, diesen Prozeß zu realisieren. Es verwandelte die Wärme des Gesteins in Arbeit, die zur Anhebung des Steins benötigt wird. Damit würden also Prozesse in die Welt kommen, die es zuvor niemals gegeben hat und auch ohne technische Hilfsmittel nicht möglich wären. Der Schluß, der von der Beobachtung in der Natur zur Formulierung einer technischen Anweisung als Unmöglichkeitsaussage führt, bedarf einer Prämisse: Prozesse, die in der Natur nicht vorkommen, lassen sich mit technischen Hilfsmitteln ebenfalls nicht präparieren. (Die Molekularbiologen müßten jetzt eigentlich in schallendes Gelächter ausbrechen ...)

Analysieren wir das Beispiel mit dem Stein ein wenig genauer. Stellen wir uns vor, wir wären mit dem Ergebnis konfrontiert, daß der Stein, von dem wir wissen, daß er auf der Mitte des Abhangs gelegen hat, nun auf der Höhe des Abhangs liegt und das Gestein längs eines Pfades zwischen diesen beiden Punkten abgekühlt ist. Wir könnten – mit physikalischer Vorbildung – kopfschüttelnd bemerken, daß hier ein Prozeß zwischen Stein und Gestein abgelaufen ist, den es so doch gar nicht geben kann, oder wir fragen nach der künstlichen Intelligenz, die diese Konstellation – die die Natur von sich aus nicht vorspielt – herbeigeführt hat. Fazit: Wer sich von der eben angeführten Prämisse nicht angesprochen fühlt, hat sich dafür das Dilemma eingehandelt, angesichts eines Phänomens des technischen Hintergrundes (der »List gegenüber der Natur«) nicht gewiß sein zu können: Wie wurde das gemacht? Franz Maria Feldhaus hat 1910 zwei bemerkenswerte Sätze auf ein und derselben Seite seines Buches »Ruhmesblätter der Technik« untergebracht:

> »An dem Tage, da der Mensch zum ersten Male die Natur überlistete, begann die Kultur.«

Im Zusammenhang mit den »Perpetua mobilia« schrieb er dann:

> »Daß die Natur ihnen keine Kraft aus dem Nichts herausgeben kann, das sehen sie nicht ein, diese Kleinen. Natur bleibt wahr, immer und ewig. Sie kennt keine List und läßt sich darum nicht überlisten« [Feldhaus 1910; 217].

Ist das maschinentechnische Verbot, das ja den wesentlichen Inhalt auch des zweiten Hauptsatzes ausmacht, durch den Wunsch begründet, die Phänomene der Welt »natürlich« zu halten, so daß keine technischen Hilfsmittel nützen? Kann es keine Maschinen geben, die die Natur »überlisten«? Auf diese Interpretationsweise ergänzen sich die beiden Hauptsätze außerordentlich gut. Der erste Hauptsatz sagt: Ein guter Techniker kann allenfalls die Möglichkeiten ausschöpfen. Und die Möglichkeiten sind katalogisiert. Der zweite Hauptsatz vertieft das noch: Mehr als was die Natur uns bietet, kann ein Techniker auch nicht realisieren. Letzteres bedeutet sogar noch mehr: Es kann auch keine uns bislang unbekannten Techniker geben, die uns mit Werken, die wir aus der Natur nicht kennen, zu blenden versuchen.

Für den zweiten Hauptsatz läßt sich kein pragmatischer Kern herausschälen. Die Maschine, die Wärme vollständig in Arbeit verwandelt, ist im Prinzip bekannt. Es sind alle konstruktiven und verfahrenstechnischen Bedingungen formuliert. Keine von ihnen ist in irgendeiner Weise unrealistisch oder abwegig. Nur die Zielsetzung, die Überlistung der Natur, wird für unvernünftig gehalten. Die Überlistung der Natur hätte »Unnatürliches« zur Folge. Während das Natürliche keiner Rechtfertigung bedarf, denn es wird durch den Zusammenhang legitimiert, erscheint das Unnatürliche nackt, es ist bar jeder Legitimität, die also erst umfassend nachgefragt und aufbereitet werden muß. Eine Überlistung der Natur provoziert eine Debatte über die Ethik der Naturwissenschaft, denn sie kann sich nicht mehr auf dem »Natürlichen« und deshalb Unabänderlichen ausruhen. Der Verdacht liegt also nahe, daß diese Debatte unerwünscht ist. Der kulturgeschichtliche Teil des Buches wird das Thema »Ethik der Naturwissenschaft« erneut aufgreifen. Diese eben ausgeführten Anmerkungen über die Hauptsätze stützen sich nicht auf ein tieferes Verständnis der Konzepte von Energie und Entropie. Es wurde lediglich an der Oberfläche gekratzt, um auszuprobieren, wie schnell denn Fragen und Verwunderungen einsetzen können. Ich meine, daß die Fragen zu den Hauptsätzen auf der Hand liegen und die sollen in den folgenden beiden Kapiteln gestellt und ernsthaft beantwortet werden.

4. Was ist Energie?

Die beiden folgenden Kapitel beschäftigen sich mit der Definition und dem Gebrauch physikalischer Größen. Da kann ich mir vorstellen, daß ich zuweilen zu rücksichtslos vorgegangen bin, und dadurch möglicherweise manchen Leser etwas vor den Kopf stoßen werde. Ich bin kein Künstler wie Erich Kästner, der sein »Vorwort für den Fachmann« so schreiben konnte, daß der neugierige Laie nicht umhin kommt, es zu verschlingen. Aber man möge es jetzt einfach versuchen.

In allen Disziplinen der Physik – Mechanik, Elektrodynamik, Quantenmechanik usw. – lassen sich aus den jeweiligen Grundgleichungen »Energiebilanzgleichungen« gewinnen. Entweder durch Integration, oder mittels arithmetischer aber auch anderer mathematischer Operationen. Diese Energiebilanzgleichungen verraten von sich aus nichts über einen »Energieerhaltungssatz«, sie haben nur eines gemeinsam: die Dimension »Newtonmeter pro Sekunde«. Der Name »Bilanzgleichung« ist sehr passend gewählt. Der zeitlichen Änderung einer physikalischen Größe der Dimension »Newtonmeter« oder »Energie« stehen gewisse Summanden gegenüber, die als Ursachen dieser zeitlichen Änderung interpretiert werden können. Diese Ursachen lassen sich noch unterscheiden, je nachdem ob sie Anteile eines Energieflusses sind, der sich beim Systemdurchgang verstärkt bzw. abschwächt, oder ob sie Energiequellen bzw. -senken im System selber sind. Es werden also alle möglichen quantitativen Beiträge zu der zeitlichen Änderung der »Energie« eines Systems in einer spezifischen »Form« bilanziert, etwa in Form von mechanischer oder elektrodynamischer Energie. Die Energie des Systems einer bestimmten Form kann auch konstant sein, die Energie also erhalten bleiben: Wenn die Bilanz keine Veränderung anzeigt, wenn also alle Beiträge zur zeitlichen Änderung null sind, oder sich stets zu null kompensieren.

Das hat wohlgemerkt mit dem 1. Hauptsatz der Thermodynamik nichts zu tun. Die Größe »Energie« ergibt sich in allen Disziplinen der Physik aus mathematischen Operationen, ohne daß dazu irgendwelche Zusatzannahmen nötig wären. Auch die Erhaltung der Energie in einer Form ist darin inbegriffen, allerdings geknüpft an spezielle Randbedingungen, die im allgemeinen nie zutreffen, d.h. die »Energie« des betrachteten Systems in einer bestimmten Form bleibt im allgemeinen nicht erhalten. Es fließt Energie dieser Form aus dem System ab oder ihm zu, wird in ihm »produziert« oder »vernichtet«. Der 1. Hauptsatz der Thermodynamik fügt diesen Feststellungen allerdings eine wesentliche Annahme hinzu: Was in der einen Form vernichtet oder produziert scheint, stammt stets aus einer oder mehreren anderen Energieformen oder kommt diesen zugute.

Was für die Größe »Energie« hier gesagt wird, gilt gleichermaßen auch für andere physikalische Größen wie z.B. den Drehimpuls. Impuls- und Massenerhaltung hingegen sind (gut begründete) Axiome. Am Beispiel der Massenerhaltung läßt sich das Wesen einer Bilanzgleichung sehr anschaulich diskutieren. In einem Reaktionsgefäß mit Zu- und Abfluß soll die Masse der Wasserstoffionen bilanziert werden. Die Gesamtmasse der im Gefäß befindlichen Wasserstoffionen ändert sich durch Zu- oder Abfluß der Flüssigkeit, in dem die Teilchen gelöst sind, wobei sich Zu- und Abfluß i.a. in der Zusammensetzung unterscheiden werden. Sie kann sich auch ändern, wenn in dem Gefäß eine chemische Reaktion stattfindet, die Wasserstoffionen freisetzt oder bindet, je nachdem, ob die Reaktion »sauer« oder »basisch« verläuft. Für die Wasserstoffionen wird also eine Bilanzgleichung aufgestellt, die nur im Spezialfall eine Erhaltungsgleichung ist: Wenn alle Zu- und Abflüsse geschlossen und keine chemischen Reaktionen ablaufen, in die Wasserstoffionen involviert sind. Es gibt auch Fälle, wo diese Bedingungen nicht erfüllt sind, aber dennoch eine konstante Wasserstoffionenkonzentration gefordert wird, z.B. im Falle, daß eine Nährlösung für Bakterien angesetzt wird und unbedingt eine konstante Konzentration eingehalten werden muß, obwohl ständig Reaktionen ablaufen, bei denen Wasserstoffionen etwa freigesetzt werden. Dann wird die Lösung »gepuffert«, ihr also eine Chemikalie beigegeben, die überschüssige Wasserstoffionen binden, resp. diese im Mangelfalle nachschießen kann.

Diese Bilanzgleichung kann man erstellen, ohne etwas von »Massenerhaltung« wissen zu müssen. Man will einfach nur wissen, woher die Wasserstoffionen kommen, oder wohin sie verschwinden. Und daß sie das tun, läßt sich ja feststellen. Das fundamentale Axiom der Massenerhaltung spielt erst unter einem ganz anderen Aspekt eine Rolle. Lassen wir bei dem eben beschriebenen System Zu- und Abfluß weg. Dann kann sich die Konzentration jeder chemischen Komponente nur infolge von chemischen Reaktionen ändern. Die einzelnen Massenbilanzgleichungen enthalten dann nur Terme, die chemische Reaktionen betreffen, durch die eine Komponente gebunden oder freigesetzt wird. Der Massenerhaltungssatz besagt dann Folgendes: Wenn alle Bilanzgleichungen so zusammen addiert werden, daß auf der einen Seite die zeitlichen Änderungen und auf der anderen Seite ihre »Ursachen« stehen, dann wird letztere genau Null ergeben, so daß die zeitliche Änderung der Gesamtmasse im System ebenfalls stets Null bzw. die Gesamtmasse eben konstant ist.

Es besteht eine Brücke zwischen Massen- und Energieerhaltungssatz. Sie hat um die Jahrhundertwende noch nicht bestanden, und für einige Verwirrung in der Physik gesorgt, die ihren Energieerhaltungssatz zeitweise in Gefahr sah. Es ging dabei um die sogenannte Radium-Maschine. Radium war als radioaktives Element bekannt. Es gab hochenergetische Strahlung ab, die in einem diese Strahlung absorbierenden Material eine Temperaturerhöhung hervorrufen konnte. Den Temperaturunterschied gegenüber der Umgebung zur Erzeugung von Arbeit mittels einer geeigneten Wärmekraftmaschine auszunutzen lag auf der Hand. Das waren allerdings nur theoretische Gedankenspielereien, denn man sah sich außerstande, den Effekt im technischen Maßstab vorzuführen. Aber theoretisch war es immerhin möglich, und da ja vieles in der Physik über reine Gedankenexperimente entschieden

4. Was ist Energie?

wird, reichte diese Gedankenspielerei aus, um die Verteidiger des Energieerhaltungssatzes auf den Plan zu rufen. Im Rahmen ihres Konzeptes konsequent (und, wie sich später herausstellte, völlig zu Recht) nahmen sie an, daß das Radium ein Energiepotential besitzen müsse, das mit der Zeit abgebaut und dem externen Beobachter als Strahlung bemerkbar wird. Man war einer neuen Energieform auf der Spur, der Kernenergie. Von Clemens Schaefer stammt jener Stoßseufzer der Erleichterung,

» ... daß das Energieprinzip unerschüttert in der Quantenbrandung dasteht und einer der Grundpfeiler auch der neuen Physik geblieben ist«
[Schaefer 1947, 21].

Eine chemische Analyse – wie sie später systematisch von Otto Hahn und Fritz Straßmann durchgeführt wurde – hätte gezeigt, daß das Radium »verschwand«, ohne es in irgendwelchen chemischen Verbindungen innerhalb der Probe wiederentdecken zu können. Dafür vermehrten sich Elemente, für die es ebenfalls keine chemischen Verbindungen als Speicher zu entdecken gegeben hätte. Auch ein Zu- oder Abfluß der Elemente in die Probe oder aus ihr heraus wäre nicht nachzuweisen gewesen. Zwischen der Masse der verschwindenden und der entstehenden Elemente gab es eine kleine aber nachweisbare Differenz. Beide Phänomene Konfusion in den Massenbilanzen mit dem Ergebnis der Verletzung der Massenerhaltung und Energiestrahlung aus dem Nichts- waren für sich genommen unglaubliche Vorgänge, verstießen sie doch gleichzeitig gegen die beiden ehernen Grundsätze der Physik: die Massen- und die Energieerhaltung. Wir dagegen haben es bereits in der Schule gelernt: Massenverlust und abgestrahlte Energie sind stets proportional und lassen sich mittels der Einsteinschen Formel $E = m \cdot c^2$ ineinander umrechnen, kurz, es wird Masse verstrahlt.

Die Lösung dieses Rätsels wurde – eher unbewußt – nach einem Konzept versucht, das die schon längst bekannten Energiebilanzgleichungen der einzelnen physikalischen Disziplinen von sich aus anzeigen. Es heißt dort nämlich nicht: Du kannst Deine Hände ruhig in den Schoß legen, denn die Energie bleibt immer erhalten, sondern vielmehr: Du hast Dich zu vergewissern, daß Deine Bilanzen aufgehen. Die Energiedichte jeder Form wird für sich bilanziert. Es ist ersteinmal offen, ob sie in dem betrachteten System zu- oder abnimmt. Aus den Flußtermen ergibt sich dann auch nicht, woher die Energie in das System herein gerät oder wohin sie geht, aus den Quell- und Senkentermen ebensowenig, aus was die Energie »produziert« oder in was sie »vernichtet« wurde. Der Energieerhaltungssatz ist jetzt das Konzept für das weitere Vorgehen, gemäß der Frage: Steht dem Gewinn an Energie in der einen Form ein Verlust an Energie in einer oder mehreren anderen Formen gegenüber, und umgekehrt. Der Energieerhaltungssatz verlangt, daß der Experimentator so lange noch weitere Energiebilanzgleichungen zu berücksichtigen hat, bis die Bilanz endlich aufgeht. Wenn mit dem Energieerhaltungssatz überhaupt ein Axiom verbunden ist, dann dieses: irgendwann hast Du genug Bilanzgleichungen zusammen, um alle Energieverwandlungen so bilanzieren zu können, daß jedem Gewinn in der einen Form ein entsprechender Verlust in einer anderen Form gegenübersteht.

Albert Einstein
(1879-1955)

Wer im Zusammenhang mit dem Energieerhaltungssatz von einem Perpetuum mobile spricht, hat seine Hausaufgaben nicht gemacht. Er verhält sich wie ein Buchhalter, der eine Bilanz erstellt, ohne die Konten durchgerechnet zu haben. Welcher Betriebsbuchhalter würde das wagen? Aber ich gebe zu, daß dieser Vergleich an entscheidender Stelle hinkt. Eine kaufmännische Buchhaltung ist so angelegt, daß man beim Jahresabschluß, wenn alles immer richtig verbucht wurde, keinen Fehler finden wird: Es gibt keine unbekannten Geld- oder Warenquellen bzw. -senken. (Und wenn doch, dann liegt i.a. ein kriminelles Delikt vor.) In der Physik ist das grundsätzlich anders. Hier ist eine »fehlerhafte« Bilanz nicht unbedingt das Indiz für nachlässige Messungen oder falsche Auswertung. Es kann eine Energieform hereinspielen, die zwar bekannt ist, aber anfänglich für irrelevant gehalten wurde; dann hat man nicht genug gemessen, d.h. mit zusätzlichen Messungen der für die fehlende Energieform relevanten physikalischen Größen kann die fehlende Teilbilanz erstellt werden und die Gesamtbilanz geht dann auf. Wenn das immer noch nicht genügt, wird es Zeit, sich zu überlegen, ob es noch eine Energieform gibt, die unbekannt ist, aber in den Systemwechselwirkungen eine Rolle spielt. Damit fangen die Probleme erst an, und die Mühen, die nun folgen, werden nur durch die Aussicht versüßt, diese Energieform eventuell nutzbar zu machen.

Der Energieerhaltungssatz, den die Thermodynamik für alle Disziplinen übergreifend formuliert hat, bedeutet keinen Ausschluß des Perpetuum mobile, sondern die Arbeitsanweisung, so viele Meßgrößen zu berücksichtigen, daß die Summe aller Energieänderungen mit der Zeit in den einzelnen Formen gleich Null ist. Dabei bringt jede Energieform ihre eigenständige Bilanzgleichung mit sich, die völlig unabhängig von einem Energieerhaltungssatz aus den disziplinären Grundgleichungen abgeleitet werden: in der Mechanik aus der Newtonschen Kraftgleichung, in der Elektrodynamik aus den Maxwellgleichungen und in der Quantenmechanik aus der Schrödingergleichung. Die Argumentation mit dem Perpetuum mobile im Zusammenhang mit dem Energieerhaltungssatz ist völlig absurd, weil hier ein Vorgriff, eine Präjudizierung geleistet wird, die der Entwicklung des Kenntnisstandes der Physik und damit auch einer Suche nach neuen Energieformen einen entscheidenden Hemmschuh anlegt. Wer den Energieerhaltungssatz als Arbeitskonzept auffaßt, kann sich über die verbale Formulierung des 1. Hauptsatzes nur wundern. Daß niemand eine Maschine aus dem Hut zaubert, die mehr Energie abgibt, als sie

Jedes Nichtwissen bringt ein Perpetuum mobile 1. Art hervor

In allen Bereichen der Physik können aus den entsprechenden Elementargleichungen »Energiebilanzen« abgeleitet werden. Das sind Gleichungen, die die möglichen Ursachen für die zeitliche Zu- oder Abnahme einer Größe A, B, C, ... der Dimension »Energie« aufsummieren. Generell handelt es sich dabei um Zu- und Abflüsse sowie um Produktion und Vernichtung:

$$\begin{array}{l}
\phantom{dA/dt = {}}\text{Zufluß} \\
\phantom{dA/dt = A_z + {}}\text{Abfluß} \\
\phantom{dA/dt = A_z + A_a + {}}\text{Produktion} \\
\phantom{dA/dt = A_z + A_a + A_p + {}}\text{Vernichtung} \\
\phantom{dA/dt = A_z + A_a + A_p + A_v {}}\,|||| \\
dA/dt = A_z + A_a + A_p + A_v \neq 0 \\
dB/dt = B_z + B_a + B_p + B_v \neq 0 \\
dC/dt = C_z + C_a + C_p + C_v \neq 0 \\
dD/dt = D_z + D_a + D_p + D_v \neq 0 \\
dE/dt = E_z + E_a + E_p + E_v \neq 0 \\
\ldots \\
dX/dt = X_z + X_a + X_p + X_v \neq 0
\end{array}$$

Das Energiekonzept der Physik beruht auf der Annahme, daß alle Änderungen der Energie in einer Form infolge Produktion und/oder Vernichtung durch entsprechende Änderungen in anderen beteiligten Formen kompensiert sein müssen. Für ein geschlossenes System (ohne Zu- und Abflüsse von Energie, $A_z \equiv 0$, $A_a \equiv 0$, ... etc.) sieht deshalb die Bilanz immer so aus:

$$d(A+B+C+D+E+\ldots+X)/dt =$$
$$= (A_p+A_v+B_p+B_v+C_p+C_v+D_p+D_v+E_p+E_v+\ldots+X_p+X_v) = 0$$

Egal also, wie stark auch die Änderungen in einer Form sein mögen, in der Summe müssen sie sich (in einem geschlossenen System) aufheben. Logischerweise kann die Rechnung nicht aufgehen, wenn eine Energieform nicht bilanziert worden ist, sei es versehentlich oder eben aus Unkenntnis:

$$d(A+B+\ldots+X)/dt = (A_p+A_v+B_p+B_v+\ldots+X_p+X_v) \neq 0$$

Natürlich sollte es ein Ziel der Physik sein, Systeme so zu präparieren, daß noch unbekannte Energieformen involviert werden. Der Begriff »Perpetuum mobile« ist hier fehl am Platz, denn es geht nur um Wissen oder Nicht-Wissen – mit letzterem sollte gerechnet werden.

benötigt, ist eine psychologische Wertung des Erfindergeistes, der eben nicht besonders genial ist und mehr kann als die anderen. Der Satz vom ausgeschlossenen Perpetuum mobile hat nichts mit Wissenschaft zu tun. Er ist vielmehr ein Kristallisationspunkt für den nicht offen ausgesprochenen Wunsch, bereits alles von der Welt zu wissen. Daher ist der 1. Hauptsatz in der Fassung vom ausgeschlossenen Perpetuum mobile ein heimliches Eingeständnis mangelnden Mutes zum Nicht-Wissen, das ja eigentlich und tröstlicherweise immerhin auch als ein Noch-Nichtwissen aufgefaßt werden könnte.

Doch zurück zur spröden Physik. Die Struktur der einzelnen Energiebilanzgleichungen ist bereits auf Interdisziplinarität angelegt, denn jede dieser Gleichungen streckt von sich aus – ohne »Kenntnis« eines Energieerhaltungssatzes – die Fühler zu anderen Energieformen aus, nämlich durch Aufnahme von Quell- und Senkentermen. Herauszubekommen, welche Energieform damit gemeint ist, bleibt Sache des Wissenschaftlers und ist damit durchaus offen und interpretationsbedürftig (siehe Bild links). Zum Beispiel führt die Energiebilanzgleichung der Elektrodynamik einen Term, der eine Energiesenke darstellt. Er wird aus elektrodynamischen Meßgrößen gebildet: $\vec{j} \times \vec{E}$ (Stromdichte j mal elektrische Feldstärke E). Er wird interpretiert als »JoulscheWärme«, als der Energieverlust, der durch Reibung der stromführenden Ladungsträger im elektrischen Leiter entsteht. In der Wärmebilanz muß der Term dann mit positivem Vorzeichen auftauchen.

Energiebilanzgleichungen, egal für welche Energieform, beschreiben stets ein offenes System. Die Gleichungen zeigen also an, daß Energie in einer Form nur unter ganz bestimmten Bedingungen erhalten bleibt. Energieerhaltung folgt dann aus einer Systempräparierung und nicht aus einem Prinzip. Der eigentliche Energieerhaltungssatz der Thermodynamik birgt auch Zwangsbedingungen, die allerdings eine ganz andere Qualität haben, denn sie bedeuten letztlich Einschränkungen für stoffspezifische Größen. Das bedarf einer näheren Erläuterung. Energiebilanzgleichungen besitzen Lösungen für physikalische

Größen bzw. Felder. (Energiebilanzgleichungen sind unter Umständen Zwischenstufen auf dem Weg der Lösung der Grundgleichungen.) Hat man sie, weiß man, wie sich diese physikalischen Größen mit dem Ort und mit der Zeit ändern. Der Energieerhaltungssatz der Thermodynamik läßt andere Folgerungen zu, die auch viel eher einen Hinweis geben, wie überhaupt nach neuen Energieformen zu suchen wäre. Er läßt, ganz allgemein formuliert, Folgerungen darüber zu, wie die Materie sich bei der Wechselwirkung mit physikalischen Feldern verhalten muß, damit die Summe der Energie in allen beteiligten Formen in einem abgeschlossenen System erhalten bleibt.

Nehmen wir dazu ein einfaches Beispiel: Ein Gas in einem Zylinder mit Kolben, das mit der Umgebung Wärme und mechanische Arbeit austauschen kann. Für die Berechnung des Austauschs mechanischer Arbeit sind stoffspezifische Größen wie zum Beispiel der Ausdehnungskoeffizient maßgebend. Dieser Koeffizient variiert von Stoff zu Stoff (und ist abhängig vom Zustand des Stoffes). Für den Austausch von Wärme spielt die stoffspezifische Größe Wärmekapazität eine ähnliche Rolle. Wenn diese beiden Größen völlig unabhängig voneinander »einstellbar« wären, könnte man durch einen geschickt angelegten Kreisprozeß ein Quantum Wärme in ein beliebig großes Quantum Arbeit verwandeln. Oder, etwas praktischer ausgedrückt: Es wäre dann möglich, bei zwei hintereinander ausgeführten identischen Kreisprozessen unter Einsatz der gleichen Wärmemenge zwei unterschiedliche Arbeitsmengen zu erhalten, was sofort den Anstoß zum Bau einer Maschine geben würde, die ohne irgendeine Energiezufuhr von außen ständig mechanische Arbeit abgeben würde. Ein Zweck des 1. Hauptsatzes ist es aber gerade, die Konvertibilität zwischen Energieformen auf ein konstantes Maß zu fixieren. Auf mathematischer Ebene hat das zur Konsequenz, daß die stoffspezifischen Größen aus den unterschiedlichen Energieformen in einen gewissen funktionalen Zusammenhang gebracht werden, der genau das nach sich zieht.

Auch auf dieser Ebene hat das Nachdenken über – noch – unbekannte Systemeinflüsse einen Sinn. Zum Beispiel kann ein Magnetfeld auf die eben erwähnten Stoffeigenschaften Einfluß nehmen und diese so »verbiegen«, wie es nach den Zwangsbedingungen aus dem Energieerhaltungssatz nicht zu erwarten gewesen wäre – wenn nur die Energieformen Wärme und mechanische Arbeit Berücksichtigung gefunden haben. Die Folge einer solchen Manipulation ist die scheinbar veränderte Konvertibilität zwischen Wärme und Arbeit. Aus einem von einem Magnetfeld beeinflußten und einem normalen Kolbensystem läßt sich ein »Perpetuum mobile« bauen. Unberücksichtigt bleibt dann nur, daß der Netto-Output dieser Maschine von dem System Magnetfeld stammt, das natürlich in einer intelligenten Weise an das eine Kolbensystem gekoppelt werden müßte und nun einen »Hunger« auf Energie hat, der bedient werden will – und zur Funktionssicherung dieses Täuschungsinstrumentes auch bedient werden muß. Auch ohne Täuschungsszenarien kann es passieren, oder es ließe sich sogar systematisch danach fahnden, daß die Stoffeigenschaften nicht in den Relationen vorliegen, die unter ausschließlicher Beteiligung der bekannten Energieformen zu erwarten sind. Dann müssen – das ist jetzt die logische Konsequenz – eine oder mehrere bislang unbekannte Energieformen mit im Spiel sein. Das ließe sich ohne die Erstellung umfassender Energiebilanzen feststellen.

Der Begriff Perpetuum mobile als Ding der Unmöglichkeit bedeutet für das Spiel mit dem Energieerhaltungssatz eine Art geistige Blockade. Eigentlich sollten die Lücken gesucht werden, deren Möglichkeit durch die Struktur der Energiebilanzgleichungen indirekt angezeigt werden. Die Gültigkeit des Energieerhaltungssatzes ist keine Prinzipienfrage, sondern als Aufforderung zur Suche nach ausreichenden Informationen aufzufassen. Ein Informationsdefizit ist stets zu begrüßen, denn es ist ein Indiz für das Auftreten einer noch unbekannten Energieform, die es womöglich anzuzapfen gilt.

5. Was ist Entropie?

»Entropie« gehört zu den bedeutungsschwangersten Begriffen überhaupt, die die Physik je hervorgebracht hat. »Geschwängert« wird dieser Begriff allerdings fast ausschließlich von Angehörigen fachfremder Disziplinen der Wissenschaften. Die Verwendung und Deutung dieses Begriffes »zeugen oft Curiosa«, wie es ein Journalist anläßlich des »Meeting on Interdisciplinary Aspects of Thermodynamics« in Berlin 1985 zusammenfaßte:

> »Die Generalisierung und Übertragung physikalischer Gedanken hat ihre Fallgruben, in die Nicht-Naturwissenschaftler oft und prompt hineinfallen, weil sie wichtige Voraussetzungen für die Gültigkeit der Schlußfolgerungen übersehen« [Sietmann 1985, 28].

Wem ist dieser Mißstand anzulasten, vorausgesetzt einmal, er stimme? Eine nicht geringe Schuld trifft die Physik selber, die es unterläßt, diesen Begriff zu entmythisieren. Die wichtigste Tat ist es, den Charakter von »Entropie« und von »Energie« als Größen ausschließlich mathematischer »Natur« klarzustellen. Sie entfalten ihre Bedeutung also auf operationalistische Weise und nicht auf hermeneutische. Ihre Verwendung führt und verführt zum bildlichen Gebrauch, obwohl damit die Bedeutung in unzulässiger und zugleich gefährlicher Weise überlastet wird. Aber gerade weil die Bedeutung operationalistisch gewonnen wird, kann ihre Ausweitung sofort auf einem gesicherten, d.h. hier: methodischen Wege erfolgen. Es bedarf keiner Negationen, keiner Überdeutungen, um fortzukommen. Diese fast kärglich anmutende Auffassung vom Begriff Entropie (und Energie) bietet also einen entscheidenden Vorteil. Weil die Möglichkeiten der Arbeit mit einer physikalischen Größe so beschränkt sind, bedarf es keiner metaphysikalischen Notleitern und Stützpfeiler – wie es die Assoziationen um die beiden Hauptsätze darstellen –, um physikalisch sinnvolle Fragen an die Natur zu formulieren.

5. Was ist Entropie?

Was also ist Entropie? Entropie ist ein mathematisch definierter Begriff, egal ob er in der Thermodynamik, in der statistischen Mechanik oder in der Informationstheorie verwendet wird. Jede andere Verwendung als in dem definierten Zusammenhang ist eine Überdeutung, die der Begriff nicht verkraftet, ihn also gleichsam vergewaltigt. Nun ist »Entropie« zum Schlagwort geworden, denn sie besitzt eine Attraktivität, die von keinem anderen Begriff, den die exakten Wissenschaften hervorgebracht haben, erreicht wird: Sie steht für Entwicklung; ein Begriff regiert die Zukunft des Systems. Dieses System könne so komplex sein, wie es wolle, es unterliege allemal den Tendenzen, die vom Begriff Entropie angezeigt würden. Das Entropiegesetz sei, so Wilhelm Ostwald, das »Gesetz des Geschehens«.

Ehe es zur Ausarbeitung einer Thermodynamik offener Systeme im Nichtgleichgewicht kam (für die Erfassung letztlich auch der komplexen »lebenden Strukturen«), war Entropie ein höchst problematischer Begriff. Definiert war Entropie nur für »Gleichgewichtssysteme«. Das sind Systeme, in denen homogene Werte für Temperatur, Druck, Dichte usw. herrschen. Selbständige Prozesse innerhalb des Systems kann es hierbei nicht geben, anders, als wenn sich irgendwelche Potentialdifferenzen ausgleichen könnten. Anwenden ließ sich dieser Begriff nur auf ideale technische Prozesse, aber nicht auf reale Systeme, in denen – neben den quasireversiblen Austauschvorgängen mit der Umgebung – durch ein »Nichtgleichgewicht« Energie- und Materieströme ablaufen. Die einzige Aussage, die sich aus dem Konzept der Gleichgewichtsentropie für Systeme außerhalb des Gleichgewichts ableiten ließ, war die vom Wärmetod«: Ein abgeschlossenes System könne mit der Zeit nur in Zustände jeweils größerer Unordnung übergehen. Das einzige geschlossene System, das sich vernünftigerweise denken ließ, war das Universum als Ganzes, denn seine Bestandteile wechselwirken miteinander und nichts ließ sich letztlich isoliert von dem Rest denken und beschreiben außer den künstlich errichteten technischen Systemen.

Die Interpretation dieser Folgerung aus dem Gleichgewichtsprinzip blieb also – realistischerweise – von vornherein auf kosmische Dimensionen beschränkt. Unentschiedene Geister gab es in dieser Debatte kaum. Die eine Partei bildete sich aus mutigen Individuen, die bereit waren, dem Zerfall des Universums die Stirn zu bieten und ihm zugleich alle Schärfe durch den Akt der vollständigen Erkenntnis des Weltprozesses zu nehmen. Die andere Partei war gar nicht erst gewillt, den Entropiesatz auf das Universum anzuwenden und argumentierte mit Randbedingungen, die es verböten, das Universum als geschlossenes System zu betrachten. Es war vor allem das schillernde Ambiente des aus dem Entropiesatz abgeleiteten Entwicklungsgedankens, der fast durchweg die Aufmerksamkeit von der eigentlichen Bedeutung der Gleichgewichtsentropie ablenkte, obwohl sich nur hier die entscheidenden Folgerungen für die Energie- und Verfahrenstechnik ergeben.

Sadi Carnot
(1796-1832)

Viele Wissenschaftler haben zu dem Stand der Wissenschaft beigetragen, unter dem im letzten Jahrhundert die Grundlagen der Thermodynamik formuliert wurden, aber einige wenige Figuren ragen in den Darstellungen besonders heraus. Einer dieser Heroen ist Sadi Carnot. Seine »Betrachtungen über die bewegende Kraft des Feuers« werden als der wichtigste Grundstein für die moderne Thermodynamik aufgefaßt. Das ist wenigstens zum Teil verwunderlich, denn Carnot machte in seiner Schrift Annahmen, über die die Wissenschaft schon längst hinausgegangen ist oder die sie widerlegt hat. Das gilt allerdings nicht für die Folgerungen, die Carnot aus seinen Annahmen gezogen hat. Diese sind im Prinzip alle beibehalten worden. Einer der Gründe für die mangelnde Innovation auch in den Folgerungen Carnots liegt in seiner geradezu genialen Beweisführung mit Hilfe des Arguments vom ausgeschlossenen Perpetuum mobile.

Zu Carnots größter Leistung gehört die Abstraktion von der unvollkommenen Maschinentechnik. Er behauptete, daß auch eine ideale Wärmekraftmaschine – und damit konnte seinerzeit nur die Dampfmaschine gemeint sein – nur zwischen zwei Temperaturniveaus (nämlich »Heizung« und »Kühlung«) arbeiten könne, daß also neben der gewonnenen Nutzarbeit auch stets Abwärme anfällt. Carnot argumentiert aber nicht auf der Ebene eines Energieerhaltungssatzes, von wo aus man sagen könnte, daß die Maschine eben nur einen Teil der eingeflossenen Wärme in Arbeit verwandeln könne und der Rest als Abwärme die Maschine ungenutzt wieder verlassen müsse. Für Carnot war Wärme ein Stoff, der durch die arbeitende Maschine hindurchfällt und an ihr – wie ein Wasserfall – eine Arbeit verrichtet. Der Wärmestoff bleibt als Menge beim Durchgang erhalten und verläßt die Maschine wieder, aber dann auf einem geringeren Temperaturniveau. Carnot »bewies«, daß die Menge der gewonnenen Nutzarbeit nur von der Größe des Temperaturgefälles abhängen könne. Wir kommen auf diesen Beweis gleich zurück.

An Carnots Theorie läßt sich sehr gut zeigen, worin der entscheidende Schritt mit der Übernahme des Energiesatzes in der Diskussion der Theorie der Wärmekraftmaschinen gelegen hat. Seine Analogie zwischen Temperaturgefälle des Wärmestoffs und dem Gefälle eines Wasserfalles hat klare Konsequenzen für die verbliebenen Maßnahmen zur Regulierung des Nutzeffektes einer Wärmekraftmaschine. Das »Gefälle« muß groß sein und der »Stoff« schwer. Für eine unterschiedliche Schwere oder Dichte des Wärmestoffes gab es allerdings keine Anhaltspunkte. Deshalb lag das Hauptaugenmerk auf der Temperaturdifferenz und war damit auf einen äußeren Umstand fixiert, der weder mit der technischen Gestaltung etwas zu tun hat, noch mit dem Agens, das durch Expansion und Kontraktion unter Wärmezu- und Wärmeabfuhr die Nutzarbeit zur Verfügung stellt. Erst die Einführung des Energiesatzes verlegte das Augenmerk von den äußeren Rahmenbedingungen in das »Innere« der Maschine. Der Energiesatz eröffnete prinzipiell eine neue Freiheit in der Verfahrenstechnik, denn er stellte die Verbindung zwischen dem Wirkungsgrad einer Maschine und den Eigenschaften des verwendeten Arbeitsstoffes her. Auch unter gleichen Randbedingungen – wie etwa einem vorgegebenen Temperaturgefälle – konnten unterschiedliche Arbeitsstoffe auch zu unterschiedlichen Wirkungsgraden führen. Diese »Freiheit« wurde mit der Einführung des Entropie-Begriffes dann wieder zurückgenommen und Carnot hat hierfür einige Vorarbeiten geleistet.

Carnot konnte es sich seinerzeit leisten, von den Eigenschaften des Stoffes in der Maschine abzusehen, denn es bestand die einhellige Meinung, daß alle gasförmigen Stoffe sich unter denselben Zustandsänderungen auch gleich verhalten müßten. Mit anderen Worten: Seitens der experimentellen Wissenschaft gab es – noch – keinerlei Anhaltspunkte dafür, sich den Eigenschaften des verwendeten Arbeitsstoffes (grundsätzlich natürlich dem Wasserdampf) zu widmen, wie es später der Fall war. Carnot war im Gegenteil also gewissermaßen gezwungen, das identische Verhalten der verschiedenen in Frage kommenden Gase als angeblich empirisch gesichertes Wissen in seine Theorie der Wärmekraftmaschinen zu integrieren. Die Wärmestofftheorie harmonierte also vorzüglich mit dem damaligen Stand der empirischen Wissenschaft.

Damit gelang die Formulierung einer widerspruchsfreien Theorie, die Carnot nun zusätzlich auf die Unmöglichkeit eines Perpetuum mobile gründete. Letzteres war lediglich ein Zusatzargument für die Verbindung von universell gültigem Gasgesetz und der Wärmestofftheorie. Nach der Einführung des Energiesatzes kam dem Perpetuum-mobile-Argument allerdings eine grundlegende Bedeutung zu. Denn die Erkenntnis der Mannigfaltigkeit der Stoffeigenschaften eröffnete zugleich ein geradezu naturphilosophisches Problem, das sich scharf abzeichnen wird, wenn wir Carnots Zusatzbeweis diskutiert haben.

Carnot nahm an, daß eine ideale Wärmekraftmaschine ihren Lauf umkehren könne, in seinen Worten: sie könne durch Aufnahme von

Arbeit den Wärmestoff vom niedrigen auf das hohe Temperaturniveau zurückbringen. Das bedeutete nichts weniger als die Vorwegnahme der Idee derWärmepumpe. Er konstruierte nun folgendes Gedankenexperiment: Gesetzt den Fall, es existierten zwei gleiche Maschinen mit unterschiedlichen Arbeitsstoffen, die unter Verwendung desselben Temperaturgefälles verschiedene Mengen an Nutzarbeit erzielten. Dann ließe sich auf folgende Weise ein echtes Perpetuum mobile bauen: Die Wärmekraftmaschine, die aus dem herabfallenden Wärmestoff weniger Nutzarbeit als die andere, erziele, solle jetzt als Wärmepumpe, also umgekehrt arbeiten. Um den durch die andere Maschine hindurchgefallenen Wärmestoff wieder auf das alte Temperaturniveau zurück zu »pumpen«, bräuchte sie aufgrund ihrer geringeren Effektivität nur einen Teil der hier erzielten Nutzarbeit.

Rudolf Clausius
(1822-1888)

Der Effekt liegt dann auf der Hand: Mit dem Wärmestoff ist letztlich nichts geschehen, er ist einmal »heruntergefallen«, aber dann gänzlich wieder auf das alte Temperaturniveau zurückgebracht worden. Bei diesem Vorgang ist aber Arbeit übrig geblieben. Es wurde beim Zurückpumpen weniger Arbeit verbraucht, als beim Herunterfallen gewonnen wurde.

> »Das wäre nicht nur ein Perpetuum mobile, sondern auch eine unbegrenzte Erschaffung von bewegender Kraft ohne Verbrauch von Wärmestoff oder irgend eines anderen Agens« [Carnot 1909, 14].

Und das stünde, so Carnot, im völligen Gegensatz zu den gegenwärtig angenommenen Ideen, zu den Gesetzen der Mechanik und einer gesunden Physik. Rudolf Clausius brachte an diesen Argumenten eine grundsätzliche Kritik an. In neuerer Zeit, schrieb er 1850, würden im-

Der »technische Trick« mit dem Perpetuum mobile 2. Art

Die beiden Graphiken sollen schematisch verdeutlichen, was seitens der Thermodynamik a) für möglich gehalten und b) was nicht für möglich gehalten wird. In beiden Fällen arbeiten »Carnot-Maschinen«, also Wärmekraftmaschinen, die Nutzwärme hoher Temperatur und Abwärme niedriger Temperatur mit dem jeweiligen Reservoir austauschen und zugleich Arbeit abgeben bzw. aufnehmen können. Die Maschine »W« ist als Antrieb ausgelegt. Sie nimmt bei jedem Kreisprozeß Nutzwärme auf und gibt Arbeit plus Abwärme wieder ab. Die Maschine »K« ist eine Wärmepumpe, sie nimmt Arbeit und Niedertemperaturwärme auf und gibt einen entsprechenden Betrag als Hochtemperaturwärme wieder ab.

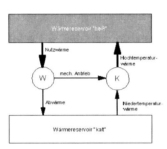

Der jeweilige Wirkungsgrad (letztlich das Verhältnis von Nutz- und Abwärme) soll unabhängig von der »Betriebsart« bei beiden Maschinen stets gleich sein, also egal mit welchem Arbeitsstoff die Maschine arbeitet – so verlangt es der 2. Hauptsatz der Thermodynamik. In der oberen Anordnung ist das auch so ausgeführt und so gibt es auch keinerlei »verbotenen« Effekt für die Umgebung. (In Realität würden beide Maschinen Wirkungsgrade aufweisen, die mit der Zeit eine »naturgemäße« Annäherung der Reseviortemperaturen nach sich ziehen würde.) In der unteren Anordnung benötigt die Maschine »K« nun eine etwas größere Wärmemenge und eine etwas kleinere Antriebsarbeit, um dieselbe Wärmemenge in das Reservoir mit hoher Temperatur zu »pumpen«. Der – »verbotene« – Effekt dieses Arrangements zweier periodisch arbeitender Wärmekraftmaschinen bestünde nun darin, Wärme (hier mit niedriger Temperatur) vollständig in Arbeit zu verwandeln. Dieser beruhte allerdings nur darauf, daß die beiden Arbeitsstoffe in bestimmten Eigenschaften auf unspektakuläre Weise voneinander abweichen würden (vgl. Blöss [1985]).

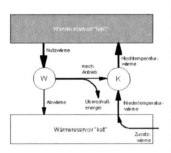

mer mehr Tatsachen bekannt, welche dafür sprechen, daß die Wärme nicht ein Stoff sei, sondern in einer Bewegung der kleinsten Teile der Körper bestehe. Diese Umstände, welche auch Carnot sehr gut gekannt habe, forderten dringend zu der Annahme auf, »daß zur Erzeugung von Arbeit nicht bloß eine Änderung in der Vertheilung der Wärme, sondern auch ein wirklicher Verbrauch von Wärme nöthig sei, und daß umgekehrt durch Verbrauch von Arbeit wiederum Wärme erzeugt werden könne« [Clausius 1921, 5]. Clausius bezieht sich auf das von verschiedenen Experimentatoren gefundene mechanische Wärmeäquivalent, das den »Tauschkurs« zwischen mechanischer Arbeit und Wärme quantitativ angibt und aussagt, daß dieser Kurs für alle Tauschvorgänge konstant ist.

Clausius widersprach zwar der Wärmestofftheorie, übernahm aber gleichzeitig die wesentliche Schlußfolgerung Carnots, daß die aus einer Temperaturdifferenz maximal zu gewinnende Arbeit nicht von den Stoffeigenschaften sondern nur von dieser Temperaturdifferenz abhänge. Er zeigte nämlich, daß sich mit der geeigneten Koppelung zweier tatsächlich verschieden effizient arbeitender Wärmekraftmaschinen über einen bestimmten Kreisprozeß, nämlich dem »Carnotschen«, die Temperaturdifferenz zweier Medien erhöhen ließe, ohne daß an der Umgebung eine Veränderung festzustellen sei. Das wäre dann das berühmte Perpetuum mobile zweiter Art.

> »Und das widerspricht dem sonstigen Verhalten der Wärme, indem sie überall das Bestreben zeigt, vorkommende Temperaturdifferenzen auszugleichen und also aus den wärmeren Körpern in die kälteren überzugehen (und nicht etwa umgekehrt, EP)« [ebd., 32].

Clausius war ein gewissenhafter Wissenschaftler, denn er begnügte sich nicht damit, diese elementare Aussage »theoretisch« zu rechtfertigen. Zum Beweis dieser Behauptung leitete er nun unter der Annahme, daß der technische »Trick« (siehe Bild linke Seite) mit den beiden Carnot-Maschinen unmöglich sei, Zwangsbedingungen ab, denen die verschiedenen Stoffeigenschaften zu gehorchen hätten, und überprüfte die Gültigkeit dieser Zwangsbedingungen durch Heranziehung von Meßdaten. Er sah seine Annahme nach deren Überprüfung trotz deutlicher Abweichungen als bestätigt an. Ein leidenschaftsloser Kritiker müßte zum Schluß kommen, daß aufgrund der unsicheren Meßergebnisse und der vielfältigen Näherungen die auftretenden Diskrepanzen auch zu erwarten gewesen wären und eine Entscheidung so keinesfalls herbeizuführen sei. Ein Wissenschaftler, der die Annahme von Carnot bzw. von Clausius mit denselben Meßergebnissen widerlegen wollte, hätte dasselbe Recht wie Clausius, das dann auch zu behaupten. Die Meßmethoden waren für eine Verifizierung oder Falsifizierung noch nicht reif, und als sie dann entwickelt genug waren, dachte kein Wissenschaftler mehr daran, diese für die Energietechnik so wesentliche Aussage zu überprüfen.

Mit der Etablierung des Energieverwandlungskonzeptes besonders durch Clausius wurden ganz entscheidende Fragen möglich: Welche Eigenschaften müssen die Arbeitsstoffe besitzen, um eine weitestmögliche Verwandlung der Wärme in Arbeit zu ermöglichen? Der Energiesatz alleine verbietet ja keineswegs die vollständige Umwandlung oder verlangt auch nur eine Beschränkung des möglichen Wirkungsgrades durch Randbedingungen. Im letzten Kapitel wurde angeschnitten, daß bereits aus einer Energieerhaltung bestimmte Einschränkungen für die Stoffeigenschaften folgen. Der Energiesatz ist eine Art mathematische Hülse, eine Gleichung, deren Summanden aus Funktionen bestehen, die Stoffeigenschaften repräsentieren, und um dieser Gleichung stets genügen zu können, »gehen« nicht mehr alle denkbaren Kombinationen dieser Funktionen. Der Energiesatz schreibt also den involvierten Stoffen Formate vor, die diese einzuhalten haben, wenn der Energiesatz stets erfüllt sein soll. Obwohl nun der Energiesatz Beschränkungen für die Stoffeigenschaften auferlegt, ist die verbliebene Freiheit dennoch unabsehbar groß. Es lassen sich beliebig viele Stoffe ausdenken (bzw. Zustände an einem Stoff, in dem je besondere Eigenschaften vorliegen), die den Restriktionen des Energiesatzes genügen und sich dennoch voneinander unterscheiden. Die en-

5. Was ist Entropie?

ge Verknüpfung von Energiesatz und Stoffeigenschaften ist ein Aspekt, der sich bei der Einführung der »Entropie« noch weiter verschärft; wir nähern uns diesem Komplex langsam aber sicher.

Für Carnot und seine Zeitgenossen war der Aspekt der Stoffeigenschaft bedeutungslos. Was man an »Zustandsgleichungen«, deren mathematische Repräsentanten, kannte, waren Rudimente, die experimentell mit den damaligen Hilfsmitteln nur schwer zu überprüfen waren und – auf Verdacht gewissermaßen – als universelle Gleichungen angesprochen wurden. Ein Beispiel ist das Boyle-Mariottesche Gasgesetz, von dem noch Clausius eine universelle Gültigkeit anzunehmen gewillt war, obwohl bereits vielfache Abweichungen gemessen worden waren. Es gab keine Modelle, die eine systematische Ausdehnung der Zustandsgleichungen ermöglicht hätten. Der erste Ansatz stammte von J.D. van der Waals, dessen Dissertation zu diesem Thema allerdings erst gegen Ende des 19. Jahrhunderts bekannt wurde. Es gab also mangels geeigneter Methoden keinen Begriff von der meßbaren Mannigfaltigkeit der Natur. Die Natur gab sich von der dem Experimentator her zugänglichen Seite als sehr beschränkt, so daß die herangezogenen Formeln ebenfalls sehr einfach sein konnten. Mit dem Energiesatz ergab sich eine ungleich komplexere Ebene der möglichen Phänomene, denn als universelles und zugleich einfaches Gesetz mußte dieser Satz natürlich auch die ganze Mannigfaltigkeit der Natur offen lassen bzw. in sich aufheben können.

Die Einschränkungen, die aus dem Energiekonzept für die möglichen Stoffeigenschaften folgten, reichen nun keineswegs aus, um ein Perpetuum mobile zweiter Art »zu verhindern«. Es mußte also eine weitere Zwangsbedingung her, um dieses Verbot umfassend durchzusetzen. Daß diese weitere Zwangsbedingung in der Gestalt der Entropie nun ebenfalls auf der Ebene der noch für zulässig erachteten Stoffeigenschaften zur Wirkung gelangt, ist allerdings weitestgehend übersehen worden (Clausius widmete seine erste Arbeit noch diesem Thema, ohne Definition der Entropie, aber faktisch mit denselben Einschränkungen, die dann aus der Entropie folgen sollten). Man war sich, mit anderen Worten, über die Konsequenzen aus der Einführung der Entropie nicht im Klaren, denn man hatte etwas ganz anderes im Auge: Mit dem Verbot eines Perpetuum mobile zweiter Art sollte vielmehr die Tendenz des Temperaturausgleichs in der Natur unterstrichen werden. Die sich nun ergebenden weitgehenden Einschränkungen für die Stoffeigenschaften haben mit dieser Tendenz gar nichts zu tun. Zwischen dem, worauf sowohl »Energie« als auch »Entropie« mit ihren Zwangsbedingungen abzielen, und dem, was eigentlich ausgesagt werden sollte, gibt es keine, nicht einmal eine heuristische Verbindung. Die beiden Komplexe stehen beziehungslos nebeneinander im Raum und wurden erst durch ein künstliches und geradezu anthropomorphes Argument miteinander in Verbindung gebracht, wie ich jetzt erläutern möchte.

Ein Temperaturausgleich etwa ist ein Vorgang, der in technischen Aggregaten der Wärmetechnik gar nicht oder, wenn doch, dann sehr schnell erfolgen sollte, so daß Zeit, die dieser Vorgang beansprucht, keine Rolle als naturgegebener Parameter spielt. Alle Zeitvorgaben, Perioden und dergleichen sollen manipulierbar sein. Nehmen wir ein Beispiel: Jede Wärmekraftmaschine braucht eine Zeit, bis ihr stationärer Arbeitszustand erreicht ist. Bekannt ist das z.B. beim Automotor; der Motorblock braucht Zeit, bis er warm geworden ist und in Wechselwirkung mit der Kühlung auf ein stationäres Temperaturniveau kommt. Das Kraftstoff-Luftgemisch ist auch auf diesen Zustand eingestellt. Bis dahin muß es künstlich – etwa durch einen »Choke«[1] – variiert werden, um Start und Kaltbetrieb des Motors zu ermöglichen. Das alles sind aber Dreckeffekte (die im übrigen genau die Tendenz aufweisen, die der zweite Hauptsatz unterstreichen soll). Am liebsten hätte man es, wenn die Arbeitszylinder und Kolben gar keine Wärme aufnehmen würden, die Isolierung also perfekt wäre. Bei der Konstruktion des Motors geht man auch von solchen idealen Zuständen aus und rechnet die Dreckeffekte für den stationären Zustand heraus.

---

[1] Einer in der Autmobiltechnik der achtziger Jahre ohne elektronische Benzineinspritzung üblichen Verfahrenstechnik.

5. Was ist Entropie?

»Zeit« ist für den Ablauf der Maschine nur ein Parameter zur Steuerung; jene Zeit, die wegen der stoffabhängigen Relaxationen hereinspielt, interessiert vorderhand nicht.

Wärmekraftmaschinen, ob sie nun Wärme zu diesem oder zu jenem Wirkungsgrad verarbeiten, sind im Grenzfall als ideale Maschinen zu betrachten. Ihr spezifisches Manko, neben der Arbeit auch stets Abwärme abzugeben, ist nicht auf die unnütze Abwanderung der investierten Wärme durch Zylinder, Kolben oder Leitungssystem zurückzuführen, sondern auf die Stoffeigenschaften. Es ließe sich durchaus das Profil eines Stoffes ersinnen, der als Arbeitsmittel der Wärmekraftmaschine zu einem Wirkungsgrad von 100% verhilft. Aber dafür sind Eigenschaften gefragt, die höchst unwahrscheinlich anmuten. Jeder nicht Wirkungsgrad kleiner als 100% kommt dagegen mit Profilen aus, die nichts unwahrscheinliches oder auch nur ungewöhnliches an sich haben. Wenn also eine Entropie definiert wird, die bei vorgegebenen Randbedingungen den Wirkungsgrad auf 30 % beschränkt, ist mit einem Arbeitsstoff, der 31 % liefern würde, noch lange nichts Absonderliches verbunden. Dessen Eigenschaften würden keinen wie auch immer gearteten zweiten Hauptsatz verletzen. Das tut allenfalls der Mensch, der sich diesen Stoff mit seinen speziellen Eigenschaften zunutze macht.

Die Gleichgewichtsthermodynamik hat mit den menschlichen Belangen nichts zu tun, sie ist zuallererst eine Materialtheorie, also eine Theorie über die möglichen Stoffeigenschaften. Ihr erster Hauptsatz sagt aus, daß aus einem vorgegebenen Quantum an Wärme nur eine Höchstmenge an Arbeit gewonnen werden kann und dieses im übrigen implizite nur mit technischen Verfahren, von allein läuft da gar nichts. Die Kategorie »Stoffeigenschaft« spiegelt lediglich die Tatsache wider, daß eine Maschine unter gleichen Randbedingungen mit verschiedenen Arbeitsstoffen auch verschiedene Wirkungsgrade erzielt. Die Maschine ist gewissermaßen nur ein Hilfsmittel, um den ins Auge gefaßten Arbeitsstoff in die Zustände zu zwingen, unter denen eine optimale Ausbeute der Wärme erreicht werden kann. Der zweite

Hauptsatz schneidet nun aus der Klasse der vom Ersten Hauptsatz noch zugelassenen Stoffe so gut wie alle heraus, behauptet ihre Nicht-Existenz und läßt nur eine einzige Klasse von Materialien übrig, und das sind die, welche bei einem bestimmten Kreisprozeß, nämlich dem Carnotschen, alle denselben Wirkungsgrad bei der Ausnutzung von Wärme erzielen. Dieser »Schnitt« wird mit Hilfe der Formulierung einer geeigneten Zwangsbedingung erreicht, die sich aus einer entsprechenden Definition der Entropie ableitet.

Warum dieses? Die Antwort hat als erster Clausius auf der Basis des Energiesatzes gegeben. Man kann sie folgendermaßen übersetzen: Wären die Gegebenheiten seitens der Natur nicht dermaßen beschränkt, gäbe es für den Techniker die Möglichkeit, einen Prozeß zu gestalten, der etwas zum Ergebnis hat, was die Natur niemals von alleine fertigbringt, strenger noch, was die Natur stets mit umgekehrten Ergebnis dem Auge des Betrachters vorführt: den Ausgleich von Temperaturen und nicht die Erhöhung ihrer Differenz. Festzuhalten ist dabei, daß der Techniker zur Überlistung der Natur ein komplexes Aggregat bauen müßte, dessen Einzelteile Prozesse ausführen, die für sich genommen nichts Ungewöhnliches oder Unsinniges oder etwas der Natur Zuwiderlaufendes an sich haben. Erst das Ergebnis des Gesamtprozesses steht dem, was man von der auf sich gestellten Natur erwarten würde, diametral gegenüber: Ein Gegenstand hat sich abgekühlt, ein anderer hat sich erwärmt und weitere Veränderungen sind nicht zu beobachten. Worin liegen in dieser Konstruktion die Schwierigkeiten? Warum ist es unannehmbar, daß von Menschenhand etwas bewerkstelligt wird, was der Natur zuwiderläuft?

Besteht Technik nicht ausschließlich aus Kunstgriffen, die dazu dienen, der Natur auf die Sprünge zu helfen? Der Maschinenbegriff leitet sich aus dem griechischen »machinatio« ab: ich ersinne eine List. ja, kann man sagen, aber doch bitte nur innerhalb der Naturgesetze! Was ist nun am Temperaturausgleich das Naturgesetz? Es läßt sich auf das Gesetz der Wahrscheinlichkeit zurückführen, nach dem es extrem unwahrscheinlich ist, daß eine Wechselwirkung zwischen zwei verschieden temperierten Körpern dazu führt, diesen Temperaturunterschied noch zu erhöhen. Soweit ist das auch in Ordnung. Das Gesetz der Wahrscheinlichkeit ist aber nur das letzte »movens« innerhalb einer »toten« Natur. Wo Natur belebt ist oder künstlich belebt wird, da regiert der unwahrscheinliche Zustand, und das nicht, weil jemand oder ein Prinzip das Gesetz der Wahrscheinlichkeit außer Kraft gesetzt hat, sondern weil künstliche Randbedingungen nun Wechselwirkungen der Teilchen ermöglichen, die zu einer Ordnung führen.

Was hat das mit Technik zu tun? Hinter ihr steckt immerhin ein nach unseren Begriffen intelligentes Konzept, das Strukturen und Flüsse arrangiert, die von allein in der toten Natur nie stattfinden würden. Auch die Verwandlung von Wärme in Arbeit und Abwärme ist ein Vorgang, der in der »toten« Natur genausowenig stattfindet, wie der, bei dem ein Stein unter Abkühlung nach oben fliegt. Auch folgender Vorgang liegt völlig jenseits aller Wahrscheinlichkeit: Ein heißer Stein fliegt nach oben, kühlt sich dabei ab und gibt ein weiteres Quantum Wärme an ein Nachbargestein ab. Was in (oder: von) der Natur nicht zu erwarten ist, läßt sich ohne weiteres mit Hilfe einer Wärmekraftmaschine arrangieren. Ebensowenig wäre von der Natur zu erwarten, daß sie radioaktives Material in einer Gesteinsschicht in kritischer Dichte konzentriert – und diese Dichte auch noch konstant hält –, um das darüberliegende Gestein zu erhitzen. in einem Kernkraftwerk wird dieser Zustand künstlich herbeigeführt und aufrechterhalten.

Maschinen sind von Menschenhand geschaffene Arrangements von Energie- und Materieflüssen jenseits dessen, worauf sich die Natur beschränkt hat (um es auch einmal anthropomorph auszudrücken). So gut wie alle Maschinen werden zudem als ideale Maschinen konzipiert, d.h. sie reihen – kinematisch betrachtet – Zustände aneinander, die nicht den thermischen Wahrscheinlichkeitstendenzen innerhalb der toten Naturfolgen, sondern jeweils »Gleichgewichtszustände« sind: Wenn man die Maschine abrupt stoppen würde, sollten sich idealerweise keinerlei Relaxationen einstellen. Ihre Dynamik stammt aus der einer Evolution gegenüber indifferenten Mechanik. Das zeitliche Verhalten der Maschine – und das ist die ingenieurmäßige Maxime – soll weitestgehend von den Entwicklungstendenzen der toten Natur entkoppelt sein, deren Einfluß ist allenfalls als ein notwendiges Übel zu betrachten.

Es sollte – als kleiner Exkurs – nicht unerwähnt bleiben, daß die hier so gescholtene Thermodynamik auch an den Grundlagen einer Theorie arbeitet, die Maschinen möglich machen, deren Dynamik nicht nur aus äußeren Zwangsbedingungen stammt, sondern letztlich auf Relaxationsdynamiken beruhen, die durch geregelte Energie- und Materieflüsse in die Bildung dynamischer Strukturen umschlagen und damit durchaus zum Teil einer »Maschine« werden könnten. So ist es (theoretisch) möglich, chemische Reaktionen in einem Gefäß so zu steuern, daß sich stehende Temperaturwellen ausbilden. Damit gehen also räumlich gesehen stationäre periodische Schwankungen der Temperatur in dem Gefäß einher, die zur Gewinnung von Arbeit nutzbar gemacht werden könnten.

Der Entropiebegriff der Gleichgewichtsthermodynamik – die für die idealen Maschinen »zuständig« ist – erwuchs also aus einer falsch verstandenen Zwangsbedingung für die naturgegebenen Stoffeigenschaften. Die ausschließliche Bedeutung der Entropie wurde so bestimmt, daß aus allen denkbaren und vom Energiesatz noch zugelassenen Stoffeigenschaften noch einmal die auszusondern sind, die einer Wärmekraftmaschine bei einem vorgegebenen Carnotprozeß zu je unterschiedlichen Wirkungsgraden verhelfen. Der Grund dafür ist – um es zu wiederholen – folgender: Solange es noch Arbeitsstoffe gibt, die unter demselben Carnotprozeß unterschiedliche Wirkungsgrade erzielen, läßt sich mit einer simplen Kopplung zweier Carnotmaschinen je nach Arrangement entweder Wärme von einem kalten Medium in ein warmes pumpen oder diese vollständig in Arbeit verwandeln, ohne daß es in der Natur irgendeine sonstige »kompensierende« Veränderung geben muß. Um es noch einmal zu betonen: Hier wurde mit Entwicklungstendenzen in der toten Natur auf einem Gebiet argumentiert,

5. Was ist Entropie?

das programmatisch gerade nichts mit diesen zu tun hat. Weiterhin wurde beiseite geschoben, daß technische Arrangements von Energieformwandlungen grundsätzlich nicht von alleine in der Natur ablaufen – was konsequenterweise bedeutete, daß solche Arrangements sämtlich unmöglich sein müßten.

Vorderhand hat Entropie, so wie sie – voreilig und ohne konsequente experimentelle Überprüfung – definiert worden ist, noch überhaupt nichts mit irgendeiner »Tendenz« oder »Entwicklung hin zur Unordnung« zu tun, obwohl Entropie im allgemeinen nur mit diesen eher feuilletonistischen Sätzen in Verbindung gebracht wird. Diese Sätze sind der Entropiedefinition nachgeschaltete und ebenso mit einigen methodischen Problemen befrachtete Folgerungen. Ihre ursprüngliche und sich offensichtlich erst nach eingehender Analyse ergebende Bedeutung ist diese: Sie verknüpft durch eine mathematische Beziehung, die als universell gültig definiert wird, gewisse Funktionen, die stets spezifische an einem Stoff zu messende Eigenschaften repräsentieren. Deshalb läßt sich diese Zwangsbedingung auch zur Darstellung nicht gemessener Stoffeigenschaften benützen. Für die Energie gilt im Prinzip genau das gleiche. Wären die Stoffeigenschaften nicht durch den Energieerhaltungssatz geregelt, würde eine intelligente Bearbeitung dieses Stoffes mit Hilfe einer geeigneten Maschine auf Dauer einen Netto-Output an Energie erzielen. Die Entropie setzt dem also noch eins drauf. Die Definition, die ihr gegeben wurde, dezimiert den Zoo der noch »naturgemäßen« Stoffe (als würde sich die Natur um die technischen Ambitionen der Menschen scheren) auf ein absolutes Minimum.

Die »Energie- und Entropie-Story« läßt sich auch im übertragenen Sinn erzählen. Stellen wir uns vor, ein Menschenkundler müßte (oder wollte auch) zwei Hauptsätze für seine Wissenschaft aufstellen, die ein für allemal regeln sollen, welche Phänomene der menschlichen Morphologie zu erwarten seien. Mit dem 1. Hauptsatz wird festgehalten, daß alle Menschen 4 Extremitäten sowie einen Kopf mit je 2 Ohren, Augen, Nasenlöchern und Lippen haben. Das reicht natürlich nicht aus, denn hinsichtlich der Größe und Farbe der Einzelelemente treten nicht alle Kombinationen auf. Zum Beispiel, so weiß der Menschenkundler, tritt die schwarze Hautfarbe nur zusammen mit Kraushaar und blondes Haupthaar nur in Verbindung mit einer Körpergröße von mindestens 1 Meter 85 auf. Auch wisse man, daß geschlitzte Augen nur bei Gelbhäuten und der Irokesenhaarschnitt nur bei den Rothäuten anzutreffen sei. Seine auf Einzelbefunde gestützte Theorie, sein »2. Hauptsatz«, hätte nun weitergehende Aussagen zur Folge: z.B. daß die Pigmentdichte der Haut eine Funktion des Breiten- und Längengrades und demzufolge vorauszusagen sei, daß ein Schwarzer niemals am Nordpol, eine Gelbhaut niemals in Zentralafrika und ein Irokesenhaarschnitt[2] niemals in Berlin vorkommen wird. Womit spätestens das Haarsträubende an dieser Geschichte sichtbar geworden ist.

Energie und Entropie besitzen also eine Filterfunktion hinsichtlich aller »denkbaren« Stoffeigenschaften. Energie ist ein Grob-, Entropie ein Feinfilter. Wenn ihre Bedeutung jetzt klargestellt scheint, ergibt sich doch die Frage: Was hat diese Reglementierung für Konsequenzen insbesondere für die Energietechnik? Wir wollen diese Frage für die Entropie zu klären versuchen.

Es gibt ein »Nadelöhr«, das es zu diskutieren gilt, denn aus ihm ergeben sich alle weiteren Konsequenzen für die Energietechnik. Dieses Nadelöhr ist die durch die Entropie gesetzte Schranke für den Wirkungsgrad bei der Ausbeute einer zur Verfügung stehenden Wärmequelle aufgrund ihres Temperaturunterschiedes zur Umgebung. Jede Wärmekraftmaschine, die ihren Arbeitsstoff nicht an die Umgebung abgibt (im Gegensatz zum Automotor), arbeitet mit zwei Wärmereservoirs, einer Wärme-»Quelle« und einer Wärme-»Senke«. Wird sie als Kraftmaschine (und nicht als Wärmepumpe) betrieben, dann hat die »Quelle« eine mittlere Temperatur T_1 und wird i.a. durch Verbrennung fossiler Rohstoffe oder durch kontrollierte Kernspaltung gespeist. Die »Senke« ist fast immer entweder die Atmosphäre oder

---

[2] Zur Zeit der Abfassung dieses Textes spielte der Irokesenhaarschnitt eine nicht unbedeutende Rolle in der Berliner Punk-Kultur.

5. Was ist Entropie?

ein Gewässer (bei Großkraftwerken beides) mit der entsprechenden Temperatur T_2. Die Maschine arbeitet also mit einer Temperaturdifferenz, die für die Zustandsänderungen am Arbeitsstoff ausgenutzt werden kann. Aus der allgemein anerkannten Entropiedefinition folgt nun, daß der maximal erreichbare Wirkungsgrad η, der den Anteil an der investierten Wärme angibt, der in Arbeit verwandelt werden konnte, sich aus einer Formel ergibt, die nur von diesen Temperaturen abhängt, in die also keinerlei Stoffeigenschaften einfließen. Die Formel für den Wirkungsgrad η lautet:

$$\eta = (T_1 - T_2) / T_1$$

Das hat ganz handfeste Konsequenzen: Ein normales Kohlekraftwerk macht aus 100 Teilen Wärme höchstens etwa 45 Teile Arbeit. Der Rest, nämlich 55 Teile Wärme niederer Temperatur, geht ungenutzt als Abwärme in die Umgebung, was einerseits eine unglaubliche Vergeudung von Primärenergie bedeutet und andererseits eine erhebliche Belastung der Umwelt bedeuten kann, die als Wärmesenke dient. Das ist ja auch alles durchaus bekannt. Weiterhin ergibt sich, daß für ein Sonnenkraftwerk, in dem die Wärmequelle für die Maschine durch Absorption der Sonnenstrahlung aufgeheizt wird, so niedrige Wirkungsgrade aufgrund der geringen Temperaturdifferenz zu erwarten sind, daß der Zeitpunkt, zu dem sich die Anlage amortisiert hat, jenseits von Gut und Böse zu liegen kommt. Eine Absorptionsfläche von 100 qm empfängt in Mitteleuropa einen mittleren Energiefluß seitens der Sonne von 10 bis 20 kW, wovon bei einer Temperaturdifferenz von vielleicht 10 bis 20°C gegenüber der Umgebung – mit einem realistischen Abschlag an dem ideal zu erreichenden Wirkungsgrad von 20 % – etwa 4 % z.B. in elektrische Energie umgewandelt werden kann, was gerade 400 bis 800 Watt Ausbeute entspricht.

Ein Notstromaggregat – benzinbetrieben – in dieser Größenordnung wird maximal 500 Mark kosten, eine sonnenbetriebene Wämekraftmaschine plus der notwendigen Absorptionsflächen das 20 bis 30fache, ganz davon abgesehen, daß für letztere ein unvergleichlich höherer Materialaufwand (was nach gegenwärtigen Verfahren mit Materialverschwendung gleichzusetzen ist) betrieben werden muß, vom Platzbedarf und dergleichen einmal ganz zu schweigen. Ein Wirkungsgrad von 40 statt 4 % würde die Größenordnungen angleichen. Man erzielt dann immerhin 4 bis 8 kW, was dem mittleren Strombedarf mehrerer Haushalte entspricht.

Nach diesem kurzen Streifzug durch die Sachzwänge der Thermodynamik sollten wir uns zum Schluß noch dem delikatesten Aspekt des zweiten Hauptsatzes nähern, eine Sache, an der sich spätestens die Geister im allgemeinen – aber in was? – zu scheiden beginnen. Mit den hier vorangegangenen Überlegungen machen wir mit dem Schritt zum Perpetuum mobile zweiter Art allerdings keinen qualitativ neuen Schritt, er ergibt sich von ganz alleine, wenn die anthropomorphisierende Unterstellung an die Natur fallengelassen wird, daß sie jene Materialien ausgespart hat, die es dem Menschen erlauben würden, bei einem Carnotprozeß unterschiedliche Wirkungsgrade zu erzielen. Ich möchte nun keineswegs den Eindruck erwecken, das sei alles ohne weiteres möglich, sondern vielmehr auf den Umstand hinweisen, daß die Physik es sich bis heute leistet, ihre Grundlagen unhinterfragt mit sich zu schleppen und nicht wenigstens den Versuch unternommen hat, systematisch zu untersuchen, wieweit die Natur in den darstellbaren Stoffeigenschaften wirklich beschränkt ist.

Der für das Projekt eines Perpetuum mobile zweiter Art notwendige technische Kunstgriff besteht nicht in der direkten Umkehrung eines in der Natur nur einseitig ablaufenden Ausgleichsprozesses. Es geht um etwas davon völlig Verschiedenes. Der Kunstgriff besteht in der Verwendung zweier Arbeitsstoffe mit bestimmten unterschiedlichen Eigenschaften. Daran ist im Detail weder etwas Sensationelles noch etwas Skurriles oder Absonderliches. Höchstens das Resultat ist denkwürdig. An den verlangten zwei unterschiedlichen Stoffprofilen läßt sich im einzelnen nichts erkennen, was sich qualitativ von den für »erlaubt« gehaltenen Stoffeigenschaften unterscheidet. Ein Experimentator würde vermutlich gar nichts Auffälliges an seinen Meßer-

5. Was ist Entropie?

gebnissen feststellen, sollte er diese Eigenschaften messen. Er wird allenfalls seine Verwunderung darüber ausdrücken, daß sie nicht auf die Linie passen, die von der Entropie vorgegeben wird. Auf solche Verwunderungen stößt man ab und zu in den Fachzeitschriften, wenn ein Stoff durchgemessen wurde, aber die über die Entropie hergestellte Verknüpfung nicht greifen will. Würde man seine Ergebnisse – sofern ihnen hinsichtlich der erreichten Meßgenauigkeit zu trauen ist – ernst nehmen und einen Carnotprozeß für das fragliche Material durchrechnen, käme man in jedem Falle auf einen anderen – entweder höheren oder niedrigeren – Wirkungsgrad als den, der durch die Formel zwei Seiten zuvor angezeigt wird. Allein damit wäre bereits die Möglichkeit eines Perpetuum mobile zweiter Art eröffnet, das Nutzenergie aus Umgebungswärme erzeugen würde und keiner Primärenergie bedürfte – eine traumhafte Utopie, die doch nur an einer vergleichsweise harmlosen Frage hängt: Wie hält es die Natur nun wirklich mit den Stoffeigenschaften?

Es ist ein allseits bekanntes Faktum, daß diese Denkrichtung innerhalb der Physik indiskutabel ist – um es milde auszudrücken. Der Sperriegel wird von den wüsten Assoziationen gebildet, die mit dem unglücklicherweise in die Formulierung des zweiten Hauptsatzes eingebrachten Perpetuum-mobile-Begriff nun einmal verbunden sind. Ich möchte darauf zum Schluß dieses Kapitels noch eingehen, denn das Perpetuum mobile ist das dankbare Thema dieses Buches. Im Gegensatz zum Perpetuum mobile erster Art ist das zweiter Art kein Unding a priori. Es ist mit keinen formal-logischen Widersprüchen verbunden und bedarf auch keiner undurchsichtigen technischen Arrangements – im Gegenteil, kaum ein vergleichbar wünschenswertes Ziel ist mit – im Prinzip – so einfachen Mitteln erreichbar. Die Erörterung von Möglichkeit oder Unmöglichkeit bräuchte sich auch nicht mit der Frage aufzuhalten, ob da etwas in die Natur eingeführt wird, was sie selber nicht kennt, denn solcherart Erörterungen bleiben an der Oberfläche des Problems. Das »Problem« besteht in der Messung von Stoffeigenschaften, die für sich nichts Besonderes aufweisen würden, selbst wenn ein Carnotprozeß mit diesem Stoff einen anderen Wirkungsgrad erzielte, als man aufgrund der allgemein anerkannten Formel erwarten würde. Auf der Ebene der Stoffeigenschaften gibt es keinen physikalischen Grund (und auch keinen naturphilosophischen), jene für möglich und diese für unmöglich zu halten.

Das Perpetuum mobile weckt grausame Assoziationen: Spinnertum, Unseriösität, Inkompetenz, Halbwissen, Traumtänzerei, ewiger Narr, Chimäre usw. usf.. Seine Einbindung in die Hauptsätze der Thermodynamik blockiert ganz wesentlich die kühle und methodische Auseinandersetzung mit den Fakten. Sollte sich bewahrheiten, daß die Thermodynamik (und damit auch die gesamte Naturwissenschaft) der Natur mit einem abgespeckten Entropiekonzept näherrücken würde, wäre es binnen weniger Jahre möglich, ein erweitertes Konzept für eine prinzipiell bessere Nutzung der Energieressourcen zu entwickeln.

6. Den Teufel auf den Bocksfuß treten

»Am häufigsten tritt uns das Perpetuum mobile erster Art entgegen. Für seine Erfinder scheint es den wesentlichen Reiz auszumachen, eine ewige, durch nichts zu speisende Energiequelle anzuzapfen, vergleichbar einem Lebensborn, der ewiges Leben schenkt. Daß das Perpetuum mobile zweiter Art uns zugleich, ohne Mehraufwand, noch die Kältetechnik bescheren würde, ist offensichtlich nicht spektakulär genug, um zu Erfindungen anzuregen, obwohl es, auf den aus Unkenntnis der beiden Hauptsätze oft beklagten hohen Abwärmeverlust bei Kraftwerken bezogen, gerade dazu herausfordern müßte, ein Perpetuum mobile zweiter Art zu erfinden, vermöchte es doch einem Strom von Umweltwärme Exergie zu entziehen, indem es ihn unter die Umgebungstemperatur abkühlte« [Knizia 1986, 75 f].

Klaus Knizia, Autor des Buches »Das Gesetz des Geschehens«, dem dieser Absatz entnommen wurde, und seinerzeit Vorstandsvorsitzender der VEW, läßt keine Gelegenheit aus, die wahre Ethik des modernen Menschen auf den beiden Hauptsätzen der Thermodynamik zu begründen. Unethisches Verhalten sei oftmals das Resultat selbstverschuldeten Nichtwissens: »Der zweite Hauptsatz scheint gar nicht so viel schwerer einsehbar als der erste, und dennoch kann sich mit den Grünen eine politische Gruppierung finden, sogar noch mit Physikern in ihren Reihen, die eine Utopie aufstellt, etwa mit der Forderung, die Techniker hätten gefälligst das Perpetuum mobile 2. Art zu finden« [ebd., 27].

Daß wiederum die »Grünen im Bundestag« sich diese »Anpinkeleien vom Vorstandsvorsitzenden eines Energieversorgungsunternehmens nicht gefallen lassen« wollten, und daraufhin überlegten, eine Unterlassungserklärung zu fordern, ist der vorläufige Endpunkt einer Affäre um eine Berliner Forschergruppe, in der alle Elemente versammelt sind, die gemeinhin auch von einer Perpetuum-mobile-Story erwartet werden: Eine revolutionäre Idee, kein Geld, Antragsverfahren,

Fernsehauftritte, Clinch mit der Universität, mit dem BMFT inklusive der KFA Jülich und politische Querelen bis in den Bundestag. Daß ich diese Story hier ausführlicher erzählen möchte, liegt vor allem daran, daß das Forschungsvorhaben – weniger die Begleitumstände – demonstriert, was außerordentliche Wissenschaft ist oder sein kann.

Wer in Berlin die Jagd nach außergewöhnlichen technischen Ideen aufnimmt, stößt über kurz oder lang auf die »Werkstatt für dezentrale Energieforschung«, die sich auf die Fahnen geschrieben hat, Erfindern unter die Arme zu greifen und der Idee dezentraler Energieversorgung politisch den Weg zu ebnen. Die Aktivisten dieses Vereins sind sich über die Strategie und Taktik, mit denen der gewünschte Erfolg herbeigeführt werden kann, keineswegs einig. Die Skeptiker verweisen auf die ausbleibenden Erfolge und machen das an der Schrulligkeit der geförderten Erfinder fest, deren undisziplinierter Umgang mit ihren Ideen einen Erfolg von vornherein blockiere. Dieser Ansicht wird seitens einer anderen Partei heftigst widersprochen, und zwar mit der Behauptung, daß ein Ausweg aus der ökologischen Misere von der herkömmlichen Technik bzw. Wissenschaft nicht zu erwarten sei, sondern nur von den sogenannten Außenseitern, selbst wenn diese aufgrund ihrer Schrulligkeit keine Ergebnisse zu Tage fördern können, die den Ansprüchen der »linearen« Wissenschaft genügen würden.

Die Vertreter dieser beiden »Pole«, die sich nicht zu schade sind, sich quartalsweise gegenseitig zu beschimpfen, haben dennoch zusammen ein Projekt auf die Beine gestellt, das eine eigenartige Symbiose zwischen Außenseitergedankengut und methodischem Vorantreiben der Idee darstellt. Worin besteht dieses Projekt und wie ist es dazu gekommen? Das Kapitel »Was ist Entropie?«, ist vor allem aus der Lektüre der Schriften entstanden, die im Laufe der Projektarbeit von der »Werkstatt« und von einem weiteren Verein, »DABEI«, herausgegeben wurden [Blöss 1983 u. 1985]. Es geht letztlich um den Bau von Wärmekraftmaschinen, die Niedertemperaturwärme ausnutzen, ein Verfahren also, von dem die Industrie die Finger läßt, weil auf-

6. Den Teufel auf den Bocksfuß treten

grund niedriger Wirkungsgrade zur Bereitstellung einer Leistungseinheit viel zu hohe Investitionskosten anfallen. Die Crux ist also dieser niedrige Wirkungsgrad. Ich möchte noch einmal rekapitulieren, was es damit auf sich hat.

Manchen Lesern ist vielleicht noch die Bemerkung erinnerlich, daß im Prinzip genau bekannt ist, wie ein Perpetuum mobile zweiter Art auszusehen hat. Es besteht aus einer geschickten, aber keineswegs absonderlichen Koppelung zweier Carnotmaschinen, die bei gleicher Prozeßführung unterschiedliche Wirkungsgrade erzielen. »Carnotmaschinen« zeichnen sich nicht durch eine besondere Technik aus, sondern zwingen den verwendeten Arbeitsstoff nur in einen speziellen Kreisprozeß, den Carnotprozeß[3]. Eine der beiden Maschinen macht also aus einem angebotenen Quantum Wärme etwas mehr Arbeit als die andere. Das ist alles. Da die Wirkung eines Perpetuum mobile 2. Art in etwas besteht, was von der Natur allein keinesfalls zu erwarten ist, hat man auf der mathematischen Formulierungsebene der Thermodynamik die Voraussetzungen geschaffen, daß in der Natur auch niemals der Arbeitsstoff zu finden sein wird, mit dem eine Carnotmaschine einen anderen Wirkungsgrad erzielt als unter der Verwendung der »erlaubten« Stoffe. Diese Formulierung ist natürlich blödsinnig, denn mit Hilfe theoretischer Überlegungen lassen sich der Natur keine Beschränkungen auferlegen, höchstens »selbstauferlegte« Beschränkungen der Natur nachformulieren. Aber wenn diese Formulierung auch »unwissenschaftlich« ist, sie erhellt doch auf eine sehr schöne Weise, daß für den »Ausschluß des Perpetuum mobile 2. Art« Beschränkungen existieren müssen, und diese Beschränkungen lassen sich überprüfen und das, ohne nun gleich einen Motor bauen zu müssen. Das maschinentechnische Verbot des 2. Hauptsatzes spiegelt sich auf sehr trockene, beinahe langweilige, in jedem Falle aber unspektakuläre

---

[3] Ein Carnotprozeß besteht aus zwei Isothermen und zwei Isentropen. Das ist verfahrenstechnisch zwar sehr schwierig zu verwirklichen und ist deswegen technisch bedeutungslos geblieben. Doch die mathematische Behandlung dieser Folge von Zustandsänderungen ist sehr einfach und aufschlußreich und das hat den Carnotprozeß vor dem Vergessen gerettet.

Weise auf der Ebene meßbarer Stoffeigenschaften wider Auf dieser Ebene läßt sich also entscheiden, ob der Weg zu einem Perpetuum mobile 2. Art oder wenigstens zu hohen Wirkungsgraden bei der Ausnutzung von Niedertemperaturwärme prinzipiell offen ist. Die Entscheidung liefert quasi ein etwas größerer oder kleinerer Zeigerausschlag (was im Zeitalter digitaler Meßtechnik ein Anachronismus ist), wobei es gegen die Möglichkeit einer Abweichung auf dieser untersten Ebene der Phänomenologie von vornherein keinen vernünftigen Grund gibt.

Bis die »Werkstatt«-Aktivisten diesen Stand der Debatte erreicht hatten, war allerdings eine ganze Weile vergangen. Die Stimmung war geprägt von der Gewißheit, daß allein der neue Weg, Außenseitergedankengut zum Durchbruch zu verhelfen, die wichtigste Voraussetzung für den Erfolg sei. Hier begannen sich bereits die Geister zu scheiden, was sich anhand einer wohl schon 5 Jahre zurückliegenden[4] Episode verdeutlichen läßt. Zu einer Versammlung der »Werkstatt« war ein westdeutscher Erfinder eingeladen worden, der sich im Besitz einer Maschine befand, die sich – einmal angestoßen – fortgesetzt bewegte. Auf der Versammlung wurde diese Maschine präsentiert. Ihre wesentlichen Details bestanden aus einem kleinen Schwungrad, dessen Achse zwischen zwei parallel angeordneten Plexiglasscheiben gelagert war. Zwischen diesen Scheiben befanden sich, sternförmig angeordnet, bananenförmige Gebilde. Mehr war nicht zu erkennen. Tatsächlich schnurrte das Schwungrad, sobald es einmal angestoßen wurde, ohne Unterhalt. Leichtes Bremsen beeinträchtigte den Lauf des Rades nicht, stärkeres Bremsen hingegen brachte es zum Stillstand. Der Erfinder gab das Geheimnis nicht preis, insbesondere wollte er sich zur Beschaffenheit der zwischen den Plexiglasscheiben befindlichen Gebilde nicht äußern.

Auf der nächsten Versammlung wurde nun von einem Freund eine ähnliche Maschine präsentiert: Ein Spielzeugkreisel bewegte sich ohne erkennbaren Verlust seiner »Energie« auf einer eingewölbten Un-

---

[4] also zu Beginn der achtziger Jahre stattgefunden

terlage. Diese Maschine durfte nun auseinander gebaut werden. Es stellte sich heraus, daß sie batteriebetrieben war. Der angeworfene Kreisel stand in Wechselwirkung mit einem Elektromagneten, dessen Kraftwirkung die Reibungsverluste ausglich. Der Freund wollte mit dieser kleinen Maschine seine Betrugshypothese untermauern. Er war sich sicher, daß der anderen Maschine ein ähnlicher Mechanismus zugrunde lag, den man entdeckt hätte, wenn die Erlaubnis zum Auseinanderbauen gegeben worden wäre. Die Episode endete mit heftigem Streit, böser Korrespondenz und persönlichen Zerwürfnissen.

Vorderhand mag man kaum begreifen, warum über diese Affäre so heftiger Streit entstehen konnte. Die Situation war allerdings durch prekäre und in solchen Zusammenhängen immer wieder anzutreffende Umstände gekennzeichnet. Der Erfinder bewahrte verständlicherweise Stillschweigen über das Verfahren. Hier konnten die Spekulationen also wuchern, bis hin zur naheliegenden Betrugshypothese. Andererseits äußerte er kaum nachvollziehbare Gedanken über den allgemeinen Mechanismus, etwa daß die zwischen den Plexiglasscheiben angebrachten Gebilde einen Energiestrom ansaugten, der die Achse des Schwungrades in Bewegung setze. Mochte das in den Ohren der einen Partei absolut unglaubwürdig erscheinen, so wirkte die Unbekümmertheit und die Naivität des Mannes auf die andere Partei als Indiz seiner Arglosigkeit, die eine Betrugshypothese eben unwahrscheinlich mache. Die Atmosphäre der Versammlung war zudem voll des »Heiligen Schauders« angesichts der anstehenden Phänomene und Offenbarungen, die bei den einen die vorbehaltlose Gläubigkeit beförderte, den sowieso schon Mißtrauischen allerdings den letzten Anstoß gab, das Ganze für ausgemachten Blödsinn zu halten, der nur inszeniert worden war, um eine leichtgläubige Schar von Weltentrückten hinters Licht zu führen.

Diese Episode stand für die nachhaltige Erfahrung, daß die konsequente Verfolgung neuer Ideen oder auch nur die kritische Prüfung ungewöhnlicher Phänomene auf Probleme grundsätzlicher Art stoßen. Entweder bleiben angekündigte technische Durchbrüche (»Es fehlt nur noch die letzte Ankerwicklung, dann läuft die Maschine aber!«) letztlich doch aus (soweit man es noch in Erfahrung zu bringen vermag), oder es verbleibt seitens des Zuschauers ein nicht zu behebendes »Unverständnis« gegenüber der Maschine, das dem Auskochen des zugrundeliegenden Gedankens sicher nicht förderlich ist.

Es steht hier gar nicht zur Debatte, ob Erfinder abseits aller Pfade des seit einigen Jahrhunderten hergestellten Wissens und Verständnisses zum Erfolg kommen können oder nicht. Allein die Unfruchtbarkeit der Selbstisolation zusammen mit dem weitgehenden Verzicht auf bewährte Hilfsmittel der Technik oder der mathematischen Hilfswissenschaften läßt es nicht zu, hier unbedingt die Hoffnungsträger für eine andere, neue und bessere Technik zu orten. Was aber dann? Trotz der ideologischen Eskapaden zeichnete sich durch die »Werkstatt«-Arbeit ein gangbarer Weg ab. Ausgangspunkt des Projektes »Stoffwertforschung« waren die Überlegungen von Joachim Kirchhoff zu dem sehr interessanten Stoffverhalten von Kohlendioxid in einem bestimmten Druck und Temperaturbereich. Dieses Gas dehnt sich bei Zimmertemperatur unter Temperaturerhöhung um wenige Grad gegen einen sehr hohen Druck stark aus. So ließen sich also große Mengen von Arbeit aus Niedertemperaturwärme gewinnen. Maschinentechnisch ist das aber nur interessant, wenn das Gas einen Kreisprozeß ausführt, also sich unter verschiedenen Drücken ausdehnt und wieder zusammenzieht, was sich durch Zugabe und Abführen unterschiedlicher Wärmebeträge bewerkstelligen läßt. Die Durchrechnung solcher Kreisprozesse anhand der vorhandenen Stoffdiagramme brachte allerdings eine Enttäuschung. Obwohl große Arbeitsmengen aus einer solchen Kohlendioxid-Maschine herauszuziehen wären, mußte ein Vielfaches dessen an Wärme investiert und eine beinah gleich große Menge an Wärme wieder abgezogen werden, die damit allerdings für den weiteren Gebrauch wertlos war, da sie bei noch niedrigerer Temperatur anfiel. Ein klassischer Fall also für die aus dem 2. Hauptsatz zu erwartenden niedrigen Wirkungsgrade bei Verwendung von Niedertemperaturwärme. Was war hier zu tun? Das konnte doch nicht alles sein. Wenn man schon anhand von Stoffeigenschaften Wirkungsgrade berechnete, dann sollte man doch wenigstens Stoffe »ausdenken« können, die besser waren, als dieses Kohlendioxid. Was wären das für Eigenschaften? Wären sie absurd oder vernünftig? Was waren das überhaupt für Stoffdiagramme? Beruhten sie auf Messungen oder auf Rechnungen oder beidem?

Bernhard Schaeffer
(geb. 1935)

Der Sache wurde nun auf den Grund gegangen. War diese Wirkungsgradbeschränkung eine unwiderrufliche Gegebenheit, oder war sie nur theoretisch erzeugt worden, so daß mit etwas variierten Prämissen Vorschriften für die Suche nach besonderen Stoffeigenschaften formuliert werden konnten? Tatsächlich konnte die »Schuldige« bald gefunden werden: die Entropie. Diese mathematische Größe war so definiert worden, daß ein Carnotprozeß, mit welchem Stoff auch immer er ausgeführt wurde, zu ein und demselben Wirkungsgrad führte. Das war von den Vätern der Thermodynamik so arrangiert worden, um die Unmöglichkeit eines Perpetuum mobile 2. Art festzuschreiben. Das »Wackeln« an dieser Definition, das Variieren der Form der Entropie, führte zu einer etwas größeren Vielfalt der möglichen Stoffeigenschaften, rüttelte aber auch sofort an dem Carnotschen Wirkungsgrad. Mit diesem Ansatz war also eine Methode entwickelt worden, wie die Möglichkeit der Überwindung des Grenzwirkungsgrades überprüft werden konnte: Ließ sich auch nur ein Vertreter der wenigstens denkbar gewordenen Stoffeigenschaften nachweisen, war gleichzeitig prinzipiell die Gültigkeit des Grenzwirkungsgrades widerlegt. Dieser Schluß ist keineswegs umständlich oder gar spitzfindig. Das Durchrechnen eines Carnotprozesses mit diesem »neuen« Stoff würde unweigerlich zu abweichenden Wirkungsgraden führen. Das wäre, wenn es nach der Schulbuchphysik ginge, ein Ding der Unmöglichkeit.

Nach dieser Vorarbeit wurde also ein Suchkriterium entwickelt. Welche Messungen sind heranzuziehen, Messungen also, die andere bereits vorgenommen haben. Das Ergebnis der Überlegungen war – im nachhinein betrachtet – denkbar kompliziert. Es sollten zwei Rotationsbandenspektren eines zweiatomigen Gases sein, die bei gleichen Temperaturen, aber unterschiedlichen Drücken aufgenommen worden sind. Das Kriterium war allerdings sehr einfach. Die gängige Theorie verlangt, daß das Maximum der Absorptionsspitzen bei diesen beiden Spektren am gleichen Platz liegt. Wenn also unter den oben genannten Bedingungen – gleiche Temperatur, aber verschiedene Drücke – eine deutliche Verschiebung zu verzeichnen ist, dann kann die Theorie nicht richtig sein. Wobei hinzugefügt werden muß, daß die Überlegungen zur Entropie sich auf die statistische Mechanik übertragen lassen, wo es auch eine Entropie gibt, die gewissermaßen die Intensitätsverteilung eines Absorptionsspektrums (aber nicht nur die) regiert. Man kann es nur als einen außergewöhnlichen Zufall bezeichnen, daß binnen weniger Tagein einer französischen Zeitung aus dein Jahr 1954 eben solche Spektren mit dem verlangten Effekt gefunden werden konnten [vgl. Blöss 1986, 149].

Obwohl sich tausenderlei Argumente gegen diese neuartige Interpretation hätten finden lassen – denn es waren irgendwelche Messungen von irgendwelchen Forschern, die sich auf sonst weiche Weise interpretieren ließen gab diese Entdeckung doch entscheidenden Auftrieb. Was war jetzt zu tun? Man müßte mit eigenen Messungen nachhaken, um diesen Effekt zu bestätigen! Was tun mittellose Forscher in einer solchen Situation? Sie stellen einen Antrag auf Forschungsförderung! Was jetzt kommt, kann sich ein jeder wohl denken. Deswegen soll das Drama in Kurzversion abgehandelt werden. Die erste Station war eine Forschungsförderungsstelle des Berliner Senats, der die Unterlagen zur Begutachtung an ein Institut der örtlichen Technischen Universität weiterleitete. Das Gutachten war negativ. Nach mehreren

Rücksprachen wurde ein Gesprächstermin zwischen Gutachter und Forschern unter Vermittlung der Senatsstelle vereinbart. Dieses Gespräch war sehr aufschlußreich, da es vor allem Emotionen seitens des Gutachters wachrief, der über den Carnot-Wirkungsgrad gestolpert war und sich – daraufhin? – fachlich sichtlich nicht eingearbeitet hatte. An diesem Gespräch war auch ein eher besonnen veranlagter Unterfranke beteiligt, der hinterher zu verstehen gab, daß hier eigentlich jedes Vorurteil gegenüber oberflächlicher und voreingenommener Gutachtertätigkeit bestätigt worden sei.

Die »Werkstatt«-Aktivisten standen nun vor einem Dilemma. Einerseits war die Tür zur Forschungsförderung offensichtlich verrammelt; das mußte man langsam aber schmerzlich unter schichtweiser Abtragung allseitiger Naivität einsehen. Andererseits war Forschung teuer, oder überstieg jedenfalls die eigenen Mittel und Möglichkeiten beträchtlich. Der vermeintliche Ausweg ergab sich durch eine an einen Vortrag anschließende Diskussion mit der Crème der Berliner Jungunternehmer. Diese, sichtlich begeistert von dem Thema: »Billiger Strom aus Niedertemperaturwärme«, verrieten den wißbegierigen Forschern den sicheren Weg zum Erfolg, d.h. zur Finanzierung: »Wenn Ihr eine Beteiligungsfirma gründet, mit einem ordentlichen kaufmännischen Konzept, dann habt ihr das nötige Kapital auch bald zusammen.« Gesagt, getan. Monate vergingen, die mit der Diskussion von Gesellschaftsverträgen, der Erstellung von Gewinnverteilungsschlüsseln, Marktanalysen und Broschüren und dem Auskundschaften von zukünftigen Aufsichtsratsmitgliedern verbracht wurden. Jeder gute Ratschlag wohlmeinender Außenstehender wurde aufgegriffen, wodurch das Firmenschiff wie ein steuerloser Kutter im Wind des Kapitalmarktes herumdriftete. Kurz: die Forschergemeinschaft versuchte sich an einer Sache, von der sie besser die Finger gelassen hätte. Der Erfolg der Bemühungen war trotz Messebesuch, Fernsehauftritten, Briefwechsel mit Firmen in aller Welt und ähnlichem gleich Null.

Obwohl die Kräfte durch diesen Ausflug in die Welt des Kapitalismus und durch die Übernahme eines nervenverschleißenden Entwicklungsauftrages, der die »Stoffwertforschung« mit in Schwung bringen sollte, heftig absorbiert wurden, reichte es immerhin noch zu der Entwicklung eines ausgereiften Forschungskonzeptes, dessen Berechtigung durch die Sammlung weiterer Meßergebnisse untermauert wurde, die allesamt der bekannten Thermodynamik widersprachen. Dieses Forschungskonzept wurde trotz der zurückliegenden negativen Erfahrungen dem BMFT in Bonn unterbreitet, worauf sich ein langer und zugleich fruchtloser, literarischer Qualitäten hingegen nicht entbehrender Schriftwechsel mit der zuständigen Gutachterstelle, der KFA-Jülich, entspann. Der Briefwechsel geriet in die Hände eines Journalisten, der an die Darstellung des Falles (nach dem Motto: »Arme Erfinder werden wieder einmal vom BMFT gelinkt«) einige pikante Fragen anschloß [Hilscher 1986, 6], die wiederum die »Grünen im Bundestag« zu einer »Kleinen Anfrage« reizten, wie es das BMFT im Allgemeinen mit der Förderung von Antragstellern mit unkonventionellen aber nichtsdestotrotz vernünftigen Ideen halte. Was wiederum das BMFT so nervös machte, daß zwei Herren aus Bonn und Jülich in Berlin einflogen, um zusammen mit einem Senatsvertreter auszukundschaften, was die Berliner so nachhaltig anstachele, die Klaviatur der Presse und des Fernsehens zu bedienen und die offiziösen Stellen zu verunglimpfen. Es wurden vage Andeutungen über die eventuell doch gegebene Möglichkeit einer Forschungsförderung gemacht. Dies alles blieb allerdings folgenlos. Die Berliner Forschergemeinschaft hatte sich mittlerweile aufs Heftigste zerstritten. Der Streit eskalierte an der Frage, wie vernünftige Forschung zu machen sei und endete damit, daß die Beteiligten sich wechselseitig in genau die Lager aufteilten, die hier im Vorausgegangenen mit »ordentlicher Wissenschaft« und »Außenseiterwissenschaft« tituliert wurden. Damit wären allerdings Positionen besiegelt, die einen Aussicht auf Erfolg bei dieser wichtigen Forschung unwahrscheinlich machen.

An diesem Fallbeispiel lassen sich einige Hinweise auf die grundlegenden Probleme außerordentlicher Wissenschaft ablesen. Eines besteht in dem Nebeneinander von gesellschaftspolitischer Utopie (ökologisch verträgliche Energieversorgung) und den von der harten Wissenschaft bereitgestellten Mitteln, wie diese zu verwirklichen wäre. Diese sind gegenüber utopischen Ansprüchen völlig indifferent, mehr noch, ihre Handhabung verlangt ganz andere Emotionen als die Verfolgung einer Utopie. Auf eine Kurzformel gebracht: Der Utopist ist zu ungeduldig für sorgfältige wissenschaftliche Arbeit, der Wissenschaftler hingegen ist von der Art seiner Arbeit so gefangengenommen, daß er aus der eigentlichen Zielsetzung des Projekts keinen Ansporn mehr erhält oder auch erhalten will. Beide Seiten, die grandiosen Aussichten und die immensen Probleme – methodischer wie menschlicher Art –, müssen angesprochen werden.

7. Die Welt als Regelkreis

Wenn alle Sonnen im Kosmos gleichzeitig entstanden wären, könnte uns ein emsiger Astronom in einer Nacht einen faszinierenden Film zusammen schneiden: Er würde die Evolution unserer Sonne von den Anfängen bis heute zeigen. Der Astronom müßte nur sukzessive Aufnahmen immer entfernterer Sonnen aneinanderreihen, denn je weiter eine solche Sonne entfernt wäre, desto länger bräuchte die Licht-Information bis zu uns; was wir jetzt am Himmel sehen, ist bei unserer Sonne etwa 8 Minuten, bei dem nächsten Stern bereits über ein Jahr alt. Innerhalb unserer Milchstraße ließe sich der Film um etliche 10 000 Jahre zurück ausbauen, die nächsten benachbarten Galaxien lieferten noch einmal einige 100 000 Jahre, und so weiter. Diese Dimensionen veranschaulichen auch, wie aussichtslos der Versuch wäre, eine Kommunikation mit Wesen außerhalb unserer allernächsten Umgebung aufzunehmen. Zwischen Frage und Antwort würden sich jeweils – je nach Entfernung – einige tausend, zehn- oder hunderttausend Forschergenerationen langweilen müssen. Der homo sapiens selber schaut erst auf etwa tausend eigene Generationen zurück.

Selbst innerhalb unseres Sonnensystems kann sich die Kommunikation schwierig gestalten, so zum Beispiel, wenn es um die Kontrolle von Raumsonden geht. Der Funkweg zu einer Mars-Sonde dauert rund 4 Minuten, der zu einer Jupiter-Sonde bereits über eine halbe Stunde. Es ist klar, daß zumindest letztere auf unvorhergesehene Einflüsse selber reagieren müßte. Ein Steuerkommando von der Erde aus träfe erst eine Stunde nach dem fraglichen Ereignis ein, Zeit genug also, um etlichen Havariemöglichkeiten Vorschub zu leisten.

So interessant das alles erscheinen mag, der Leser wird doch fragen, was das alles mit neuen Energietechniken zu tun haben mag? Der Schritt von dem eben angeschnittenen Feld der Probleme bei Kommunikation über große räumliche Distanzen zu Überlegungen und Theorien über mögliche neue Energiequellen ist kürzer als man erwarten möchte. Besagten Schritt hat Wolfgang Schmidt bereits vor mehr als dreißig Jahren gemacht, und sein Ausgangspunkt war tatsächlich die Überlegung, wie denn die Planeten innerhalb des Sonnensystems miteinander kommunizieren, oder besser: wechselwirken? »Weiß« die Sonne denn tatsächlich, wo die Erde in dem Augenblick ist, in dem eine gewisse Kraft an ihr angreifen muß, um sie auf ihrer Ellipsenbahn zu halten? Dieser Informationsaustausch – über den Ort – braucht seine Zeit, und die Gravitationswechselwirkung ebenfalls.

Würde von der Sonne ein Lichtstrahl zu der Position ausgesandt, wo gerade eben die Erde »gesehen« worden ist, träfe er die Erde nicht mehr an: sie hat sich in der Zeit, die das Licht zur Überbrückung der Distanz benötigt, um mehr als einen Durchmesser auf ihrer Bahn weiter bewegt. Auch die Kraft, die sie jetzt nach dem bekannten Newtonschen Gravitationsgesetz erhalten müßte, hat sich bereits im Mittel um einen millionsten Teil geändert. Alles hat sich »verzerrt«, was nicht unerheblich ist, da Sonne und Erde miteinander Energie und Impuls austauschen, und das sicherlich nicht schneller als mit Lichtgeschwindigkeit. Bereits im Jahre 1889 hat Paul Gerber die eigenartige Periheldrehung des Merkur unter der Annahme einer endlichen Übertragungsgeschwindigkeit für die Wechselwirkung richtig errechnet [Gerber 1889]. Schmidt modifizierte nun das Newtonsche Kraftgesetz, indem er einen »Doppler-Effekt« für die Gravitationswechselwirkung berücksichtigte. Es war die Zeit der ersten Großrechneranlagen und er konnte ein solches Ungetüm mit den entsprechenden Daten füttern. Das Ergebnis war mehr als verblüffend: Die Planetenbahnen waren nicht mehr stationär, sie evolvierten. Aus Parabeln und Ellipsen wurden mit der Zeit immer kreisähnlichere Bahnen, wobei sich die Planeten nach dem empirisch gewonnenen Titius-Bode-Gesetz ordneten.

Allein dieses Ergebnis warf einschneidende Fragen für die Naturgeschichte auf. Wenn – also: wenn – die gegenwärtig zu beobachtenden Planetenbahnen das Ergebnis einer in ihren Begleitumständen gar nicht zu überblickenden – den Berechnungen zufolge relativ »schnellen« Evolution sind, dann geraten alle bislang unterstellten Zeitdimensionen für den Bestand des Sonnensystems und damit auch für die

Erdgeschichte aus den Fugen. Schmidt gehört zu den Leuten, die es wagen, Fakten über die Haltbarkeit einer Theorie entscheiden zu lassen. Ein Gespräch, das Betreuer des HELIOS-Projektes[5] (ein Satellit in Erdumlaufbahn) mit ihm am 10.12.1974 gesucht hatten, war der Ausgangspunkt für eine permanente Jagd nach den Bahndaten für diesen Satelliten. Nach der Einsteinschen Gravitationstheorie war bei der HELIOS-Bahn eine Abweichung von 50 Kilometern pro Jahr gegenüber der nach Newton berechneten Bahn zu erwarten, die Schmidtsche Theorie sagte 50 000 Kilometer pro Jahr voraus. Die Auswertung der Bahndaten für dieses 1 Mrd. DM schwere Projekt wäre zwar immer wieder angekündigt worden, sei aber bis heute, so Schmidt, ausgeblieben.

Isaac Newton
(1642-1727)

Schmidt ist Physiko-Chemiker und von der Profession her am Mikro- und nicht am Makrokosmos interessiert. Die Chemie ist die Welt der Atome und Moleküle und nicht der Planeten. Aber das Atommo-

---

[5] (Aus www.gsoc.dir.de/) HELIOS (1974 - 1986 on ATLAS-CENTAUR) First US/German interplanetary mission. Launched in 1974 (HELIOS 1, 10 December,1974 - 15 March, 1986) and 1976 (HELIOS 2, 15 January, 1976 - 8 January, 1981), the two German built (MBB) Helios probes approached the sun closer than the inner planet Mercury (0.3 AU) and closer than any spaceprobe ever. Both probes studied the interaction of the sun and the earth, including, among other things, such phenomena as the characteristics of solar winds with complementary measurements. The link with the spacecraft was maintained around the clock over a distance of up to 186 million miles. A 100 foot (30 m dish) DLR antenna in Weilheim-Lichtenau and the NASA deep space ground stations served these missions. The two HELIOS probes were operated and controlled by GSOC over 11 years, providing measurements for longer than one eleven year solar cycle (the originally expected life-time was 18 months).

dell basiert ja auf der Annahme von Wechselwirkungen, die denen der Körper des Sonnensystems ähnlich sind. Coulomb- und Gravitationskraft sind strukturgleich und die Vorstellungen über Elektronenbahnen um den Atomkern sind denen über die Planetenbahnen um die Sonne vergleichbar. Die Berechnung von Elektronenbahnen im Atom auf der Grundlage von Coulombkräften mit »Dopplereffekt« ergab zwar geordnete Bahnen, aber diese entsprachen nicht dem, was aus Messungen über die Struktur einfacher Atome bekannt war.

Johannes Kepler
(1571-1630)

Ehe ich die Entwicklung der Arbeit von Schmidt weiter schildere, will ich versuchen, die prinzipielle Bedeutung seiner fundamentalen Annahme in energietechnischer Hinsicht herauszuschälen. Wir müssen uns zuerst fragen, was die Newtonsche Gravitationstheorie im Hinblick auf »Energie« bedeutet. Isaac Newton formulierte eine Gleichung, die besagt, daß die Beschleunigung eines Körpers eine Wirkung sei, der quantitativ eine Ursache gleichgesetzt werden könne: eine »Kraft«. Entweder läßt sich aus der gemessenen Beschleunigung das Kraftgesetz, die quasi beigeordnete Ursache also, ausrechnen, oder aus einem Kraftgesetz die Beschleunigung und damit auf Umwegen letztlich auch die eigentliche Bahn des Körpers. Newton nahm ein spezielles Kraftgesetz für die Wirkung der Sonne auf die Planeten an und errechnete daraus Ellipsenbahnen, was vollkommen dem empirisch gewonnenen 1. Keplerschen Gesetz entsprach. In modernen Lehrbüchern wird diese Rechnung komprimiert auf 2 Seiten dargestellt.

Ein Zwischenschritt in dieser Rechnung führt auf eine »Energiegleichung«, d.h. eine gewisse Kombination von Orts- und Geschwindigkeitswerten des Körpers ergibt quantitativ eine zeitliche

Konstante, deren Einheit Energie genannt wird. Man sagt: Die Summe aus kinetischer und potentieller Energie des Körpers ist konstant. Eine weitere mathematische Behandlung dieser Energiegleichung führt letztlich zu einer stationären Bahngleichung. Diese Stationarität besagt, daß sich die Form der Bahn mit der Zeit nicht ändert; was jetzt eine Ellipse ist, wird es in Millionen von Jahren auch sein. Diese Stationarität hängt mit der Erhaltung von potentieller und kinetischer Energie des Körpers zusammen. Das Schmidtsche Gravitationsgesetz, das das Newtonsche im Hinblick auf die benötigte Zeit für den Austausch von Energie und Impuls modifiziert, liefert keine stationären Bahnen. Die Summe aus potentieller und kinetischer Energie ist auch nicht konstant, sondern ändert sich mit der Zeit. In der modifizierten Energiegleichung taucht also ein zusätzlicher Term auf. Etwas salopp ausgedrückt steht dieser Term für die Energie, die mit der Zeit aus dem mechanischen System abgesaugt bzw. in es hineingepumpt wird.

In dem Kapitel »Was ist Energie?« wurde einiges über die Bedeutung solcher Terme gesagt. Sie verbinden die verschiedenen Energiegleichungen, die für alle Disziplinen der Physik aus den jeweiligen Grundgleichungen abgeleitet werden können; was in der einen Energieform verschwindet, taucht in einer anderen mit demselben Betrag wieder auf. Das ist die Aussage des 1. Hauptsatzes der Thermodynamik, des sogenannten Energieerhaltungssatzes, den wir uns hier zum Leitfaden der Diskussion machen. Dieser Satz sagt eben nicht aus, daß die Energie etwa in einem gravitierenden Mehrkörper-System erhalten bleiben muß, er behauptet lediglich, daß man einen eventuellen Fehlbetrag oder auch Überschuß mit umgekehrtem Vorzeichen in einer anderen Energieform wiederentdecken muß.

Kommen wir aufs Schmidtsche Planetenmodell zu sprechen. Die Energiebilanz geht für ein evolvierendes Planetensystem nicht auf. Die mechanische Energie bleibt hier, im Gegensatz zum konventionellen Modell, nicht erhalten. Die Frage allerdings, woher diese Energiedifferenz stammt oder wem sie zugute kommt, ist vorderhand nicht zu beantworten. In energietechnischer Hinsicht lassen sich aus dem

Stegreif auch keine Konverter bauen, die die Energie, welche die Planeten mit der Zeit abgeben, zum Beispiel in Strom verwandeln. Aber da besteht ja noch die strukturelle Übereinstimmung von Planeten- und Elementarteilchen-Wechselwirkungen, und vielleicht lassen sich hier Überlegungen anstellen, wie Energieflüsse zwischen Elementarteilchensystemen und Umgebung technisch nutzbar gemacht werden können?

Kehren wir zur Historie zurück. Schmidts Ausarbeitung des energietechnischen Aspekts seines Wechselwirkungsmodells wäre ohne Computer nicht denkbar gewesen. Aber auch nicht ohne Unterstützung mancher Kollegen, die auf die eine oder andere Weise von seiner Arbeit erfahren hatten. So besuchte Peter Debeye, der aufgrund seines Alters und seiner Eigenschaft als Nobelpreisträger eine gewisse Narrenfreiheit genießen konnte, Wolfgang Schmidt bei der BASF, um auf seine eigenen Arbeiten über asymmetrische Coulombkräfte speziell in kristallinen Körpern hinzuweisen und Schmidt angesichts zu erwartender Schwierigkeiten und Anfeindungen den Rücken zu stärken, was sicherlich nicht bedeutungslos war, denn Behinderungen bei Publikationsversuchen und Vorträgen hatte es bereits vielfach gegeben.

Peter Debeye
(1884-1966)

Anfang der siebziger Jahre beschäftigte Schmidt in verschiedenen Städten der Bundesrepublik Studenten, die auf den dort vorhandenen Großrechnern die modifizierten Kraftgleichungen für verschiedene Elementarteilchensysteme bearbeiteten. Am Ende stand ein Paket von Erkenntnissen und Ergebnissen, das sich sehen lassen konnte. Die interessantesten Resultate folgten aus einer scheinbar »unmöglichen« Ausgangskonstellation [Schmidt 1974, 1987]. Zwei Elektronen wurden mit einer Relativgeschwindigkeit größer als Lichtgeschwindigkeit aufeinander geschossen, was wegen der Modifizierung der Coulombkraft zu einer Anziehung statt der üblichen Abstoßung zwischen den beiden Ladungen führt, die unabhängig von den Startbedingungen auf eine stabile Umlaufbahn gelangen. Das Gebilde zieht nun langsame Elektronen in sein Zentrum. Dieses Dreiergespann besitzt, wie die Berechnungen zeigten, die Ladung und die träge Masse eines Protons und kann damit weitere Elektronen einfangen. Es zeigte sich, daß die dabei auftretenden Bahndrehimpulse der eingefangenen Elektronen ein jeweils gradzahliges Vielfaches des Planckschen Wirkungsquantums ausmachen, ein Ergebnis also, das aus der Quantenmechanik unter ganz anderen Prämissen abgeleitet worden war und eine angemessene Interpretation der Wasserstoffspektren erlaubt.

Ehe die vielen gewichtigen Einwände gegen diese Theoriebildung diskutiert werden, soll der Schritt zu energietechnischen Überlegungen gewagt werden. Die Schmidtsche Wechselwirkungstheorie liefert Evolutionsgleichungen für die Bildung von Protonen aus Elektronen, die von einem Energiefluß zwischen Elementarteilchensystem und Umgebung begleitet sein muß. Schmidt selber geht von der Hypothese aus, daß der »Massendefekt« – nämlich der zwischen der trägen Masse von drei Elektronen und einem Proton – als »Energiedefekt« durch eine Abkühlung der Umgebung kompensiert wird. Damit könnte die Fusion indirekt durch eine Ausnutzung des permanenten Temperaturunterschieds zwischen Fusionsapparatur und der unbeeinflußten Umgebung energietechnisch verwertet werden. Ob sich diese Hypothese bewahrheitet oder nicht, unbestritten bleibt, daß ein Energiefluß zwischen Apparatur und Umgebung stattfinden müßte, dessen Erscheinungsform für die Umgebung völlig unklar ist. Aus den Evolutionsgleichungen geht eben nicht hervor, woher oder wohin die im Laufe der Evolution des Elementarteilchensystems anfallende Energie fließen wird.

Ich möchte noch einmal die wesentlichen Züge der Annahmen und Konsequenzen der Schmidtschen Theorie zusammenfassen, um gleichzeitig Einwände und Kritiken aufnehmen zu können. Die Revision der Wechselwirkungsgleichungen durch Wolfgang Schmidt folgte aus der Annahme, daß alle Teilchen und Körper Energie, Impuls und Information mit einer endlichen Übertragungsgeschwindigkeit austauschen. Insbesondere die grundlegenden Gravitations- und Coulombkräfte setzen nicht instantan an, sondern – je nach Abstand der wechselwirkenden Systeme – verzögert. Daraus folgen für alle Bahngleichungen nicht mehr stationäre sondern evolutionäre Lösungen, egal ob man Planeten oder Elementarteilchen zu beschreiben versucht. Selbst wenn die Konsequenzen für die Geschichte des Sonnensystems als unangenehm empfunden werden mögen, seine Konstellation wird dadurch wesentlich »natürlicher«, denn sie ist der (vorläufige) Endpunkt einer Evolution und nicht das Resultat eines unglaublichen Zufalls. Die fast ideale Kreisförmigkeit der meisten Planetenbahnen wirft einige Rätsel auf, denn aus der unendlichen Menge von denkbaren Anfangsbedingungen für den Start der Planeten gibt es nur verschwindend wenige, die Kreisbahnen nach sich ziehen, die sich nicht überschneiden und einen Kollaps des Systems nach sich ziehen würden. Die Astrophysik sollte diese Revision dankbar aufgreifen, denn sie hat es mit Wechselwirkungen über Entfernungen zu tun, deren Überbrückung zum Beispiel in unserer Galaxis zehntausende von Jahren beansprucht. Damit ergeben sich ganz andere »Geschichten«, als bis jetzt von der Newtonschen Mechanik rekonstruiert worden sind. Sie wirft aber auch unweigerlich Fragen über die Energien auf, die dann zwischen der bislang als konstant erachteten mechanischen Form und einer anderen, bislang namenlosen Form fließen müssen. Für die im Laufe der Evolution abgestoßenen Beträge von kinetischer und potentieller Energie muß es, wenn man den Energieerhaltungssatz ernst nimmt, einen Speicher geben, eine andere, vielleicht neue Energieform, über die zu spekulieren natürlich sinnlos bleibt, solange keine Idee existiert, wie diese Energieform meßtechnisch erfaßt werden kann.

Einen Schritt weiter könnten dieselben Überlegungen bezüglich der Elementarteilchensysteme führen, obwohl sich hier ungleich mehr Kritikpunkte auftun. Was hat es mit der Relativgeschwindigkeit zwischen Elektronen größer als die Lichtgeschwindigkeit auf sich, die als Randbedingung für die Entstehung von Protonen von der Theorie verlangt wird? Der fällige Einwand aus der Relativitätstheorie greift hier nicht, da es sich um die kinematische Geschwindigkeit handelt, die sich auch anders als mit Hilfe von Lichtinformation messen läßt. Kann man Elementarteilchen überhaupt anders als mit quantenmechanischen Methoden beschreiben, zu deren zentralen Folgerungen die Aussage gehört, daß wir Elementarteilchen, deren Bewegung identisch präpariert wurden, den noch in verschiedenen Bahnen mit unterschiedlichen Geschwindigkeiten ausmessen? Die Schmidtsche Theorie sagt aber identisches Verhalten von Elementarteilchen sogar unter verschiedenen Präparierungen voraus.

Das sind tatsächlich immense Probleme, wobei aber nicht übersehen werden darf, daß in sich abgeschlossene Theorien einander widersprechen dürfen und die Güte einer einzelnen Theorie sich erst dadurch erweist, ob sich Voraussagen machen und inwieweit diese sich überprüfen und bewahrheiten lassen. Die Güte der Schmidtschen Theorie besteht erstens darin, daß durch eine sinnvolle Erweiterung der Kraftgleichungen ein Modell für die Entstehung von bekannten subatomaren und atomaren Systemen skizziert werden kann und zweitens, daß sich hier Überlegungen zu energietechnischen Nutzanwendungen anschließen lassen. Während die grundlegende Annahme bezüglich der Rolle einer endlichen Übertragungsgeschwindigkeit keine Schwierigkeiten macht, sind die Folgerungen ungeheuerlich und werden auch noch auf einem Gebiet gemacht, das mit völlig anderen Methoden bislang hinlänglich gut bearbeitet worden ist.

Diese Zwiespältigkeit soll nicht unter den Teppich gekehrt werden. Sie kennzeichnet auch die Rezeption der Vorträge und Veröffentlichungen Schmidts. Während zum Beispiel sein Plenarvortrag auf einer Tagung der »Deutschen Gesellschaft für Kybernetik« 1973 mit

Spannung erwartet und dann mit einer »standing ovation« belohnt worden war, weigerte sich der Julius-Springer-Verlag, den Vortragsband mit dem Schmidtschen Beitrag zu veröffentlichen, was unter anderem auf eine Intervention Werner Heisenbergs zurückzuführen gewesen sein soll. Auf der Tagung der Nobelpreisträger 1978 traf Schmidt den Präsidenten der Akademie der Wissenschaften der DDR, der ihm zu verstehen gab, daß die wissenschaftlichen Autoritäten in seinem Land Schmidts Veröffentlichungen zwar aufs Heftigste ablehnten, sie aber nichtsdestotrotz im Lande kursierten und darum gebeten werde, auch weiterhin mit den neuen Arbeiten versorgt zu werden. Es gab sogar den Interventionsversuch eines Hochschullehrers bei dem Arbeitgeber von Wolfgang Schmidt, mit der Aufforderung, »dem Schmidt« endgültig einen Riegel vorzuschieben, was mit dem süffisanten Hinweis abgelehnt wurde, daß die Firma nun mal von Leuten lebe, die selbständig zu denken in der Lage seien.

Die Schilderung solcher Affären ist wohl ganz nett, aber sie lenkt leicht vom Kern der Sache ab. Der Kern wird durch die Frage angepeilt: Durch welche Experimente läßt sich entscheiden oder wenigstens ein klarer Hinweis darauf gewinnen, ob bei Gravitations- oder Coulomb-Wechselwirkung zwischen Körpern oder Teilchen meßbare Energieflüsse mit der weiteren Umgebung auftreten? Das von Schmidt selber vorgeschlagene Experiment sieht folgendermaßen aus: Zwei Elektronenquellen werden in einem evakuierten Behälter so montiert, daß die Elektronenstrahlen aufeinander gerichtet sind. Die Geschwindigkeit der Elektronen muß regelbar sein, um die erforderlichen Randbedingungen herstellen und einhalten zu können. Sollten unter Betrieb stabile Gebilde mit positiver Ladung entstehen, müßten sich diese entweder elektrostatisch absaugen und massenspektrometrisch untersuchen lassen, oder der für die Teilchenbildung notwendige Energieabfluß aus der Umgebung in die Apparatur müßte nachweisbar sein. Da aber unklar ist, in welcher Form diese Energie auftritt, wäre diese indirekte Art der Überprüfung sehr unsicher. Andererseits käme es auf den Energiefluß zwischen Apparatur und Umgebung an, der nicht direkt genutzt werden könnte, denn er diente zur Bildung der Protonen. Aber der Abfluß von Energie aus der Umgebung würde eine lokale Differenz der Energiedichte der betreffenden Form aufbauen, die es dann auszunutzen gelte.

Von einer neuen Idee bis zu ihrer »Ausbeutung« oder Verwerfung ist es weit, wobei oftmals das Verwerfen näher liegen wird oder einfacher zu betreiben ist. Die in den beiden letzten Kapiteln vorgestellten Ideen sind in ihrem Kern revisionistisch, von ihren möglichen Folgen her aber revolutionär. Der Weg ihrer Untersuchung ist nicht abgeschlossen. Wenn das Maß an emotionaler Ablehnung und Bekämpfung ein Kriterium für die Güte der Theorien wäre, müßten beide als Glanzpunkte neuer Wege in der Wissenschaft gelten. Viel zu viele sympathisierende Menschen begnügen sich mit dieser Einstellung. Damit wäre allerdings besiegelt, daß sie auf Dauer der Vergessenheit anheimfallen.

Neue Theorien entstehen auf seltsamen Wegen. Wolfgang Schmidt erzählte mir, daß er mit dem Thema »Übertragungsgeschwindigkeit« bereits in seiner Jugend konfrontiert gewesen sei. 1915 flog das Pulverlager in der Nähe von Königsberg, wo er mit seinen Eltern wohnte, in die Luft. Seine Mutter berichtete, daß sie von dem Knall so erschreckt gewesen sei, daß sie den Kaffee quer über den Tisch vergossen habe, was ihn zu heftigem Protest veranlaßt hätte: es sei genau umgekehrt gewesen, erst sei der Kaffee verschüttet worden und dann erst habe es geknallt. Der Streit wurde mit Hilfe eines Physikbuches entschieden. Die Bodenwelle der Erschütterung muß dreimal schneller als der Schall und damit die Ursache für das Vergießen des Kaffees gewesen sein. In dieser Episode ist bereits alles versammelt, was später für die Überlegung der verzögerten Wechselwirkung zwischen Planeten oder Elektronen wichtig werden sollte.

Auch in der »Entropie-Story« scheint ein bemerkenswertes psychologisches Moment eine Rolle gespielt zu haben. Ein ganz wesentliches Motiv für die Anstrengungen zu einer erweiterten Theorie der

Thermodynamik, so erzählte mir einer der Protagonisten, Christian Blöss, sei eine Art von Größenwahn gewesen:

> »Ich hätte mich niemals auf diese Arbeit eingelassen, wenn ich nicht irgendwie überzeugt gewesen wäre, sozusagen als verkanntes Genie endlich die Wahrheit an den Tag zu bringen.«

Es sei ihm ungeheuer schwer gefallen, die Aufmerksamkeit schließlich auf Meßergebnisse zu richten und damit die Meßlatte der Realität anzulegen.

Was auch immer die tieferen Ursachen für neue Ideen sein mögen, sofern sie sich auf technische Möglichkeiten beziehen, endet ihre Ausarbeitung und Überprüfung auf dem öden Feld normaler wissenschaftlicher Methoden, ob nun mathematischer oder experimenteller Natur. Hier hilft kein Jammern oder Abdriften in die Sphären unfreiwilligen Märtyrertums. Hier müssen die Ärmel hochgekrempelt werden und dann kann es auch ganz schnell sehr schlecht für die großartigen Ideen aussehen. Nicht nur die Auseinandersetzung als Außerordentlicher mit den Kollegen verlangt einen dauerhaften Humor, sondern auch die noch ausstehende Möglichkeit, daß die befragte Natur einem den goldenen Schatz mitleidslos aus den Händen schlägt.

Teil 2 - Kulturgeschichtliches

8. Das Perpetuum mobile und die Welt-Katastrophe

Der zweite Teil des Buches profitiert von dem im ersten Teil erarbeiteten Freiraum: Eine Kulturgeschichte des Perpetuum mobile muß auch oder sogar vor allem über die Bemühungen, es als Unding oder als potentiellen Katastrophenbringer in Szene zu setzen, geschrieben werden, und nicht etwa über die magischen Bemühungen einer Außenseiter-Szene, es eben doch – der verhaßten Wissenschaft zum Trotz – zu realisieren.

Was sind die großen kulturgeschichtlichen Statements zu dem Komplex »Perpetuum mobile«? Friedrich Klemm, langjähriger Direktor des »Deutschen Museums« in München:

> »Wir wissen zwar heute, daß die Idee des Perpetuum mobile nicht im Abendland geboren wurde; wir wissen aber auch, daß dieser Gedanke sich im Abendlande der gotischen Zeit ungemein rasch verbreitete, daß die Idee des Perpetuum mobile seit dem 13. Jahrhundert geradezu zu einem Symbol des unruhigen Gestaltungswillens des abendländischen Menschen überhaupt wurde« [Klemm 1966, 5 f].

In der Epoche des Hochmittelalters, so D. Brinkmann 1954,

> »befiel den abendländischen Menschen jene rätselhafte Unruhe, als deren Symbol wir die Idee des Perpetuum mobile ansprechen zu dürfen glauben« [Brinkmann 1954, 172].

In den Aktivitäten um das Perpetuum mobile schlummere der Traum von der Allmacht des Menschen [Kernert 1985, 39]. Die Menschen, schrieb Oswald Spengler, belauschten die Gesetze des kosmischen Taktes, um sie zu vergewaltigen, und sie schufen so die Idee der Maschine als eines kleinen Kosmos, der nur noch dem Willen des Menschen gehorche, beginnend mit dem Traum des seltsamen Dominikaners Petrus Peregrinus vom Perpetuum mobile. Aber damit überschritten sie jene feine Grenze, wo die Sünde beginne: »Die Maschine ist des Teufels«, so habe der echte Glaube immer wieder empfunden [Spengler 1969, 1187].

Die überwiegende Zahl der Deutungsversuche sieht in der Suche nach dem Perpetuum mobile eine Art Perversion eines der zentralen Motive der sogenannten Moderne: der Aufbruch, die Reise ins Unbekannte. Diese Reise, die Suche nach dem Perpetuum mobile, könne nicht mehr sein als ein blindes Umherirren und werde auch niemals zu einer Kartierung der durchreisten Gebiete führen.

Der moderne Gebrauch des Begriffs Perpetuum mobile als ein keiner Erklärung bedürftiges Unding hat eigentlich eine Notsituation zu überdecken: Den Umstand nämlich, daß Erklärungen für den Lauf der Dinge Konstruktionen sind, die ihm nicht immer gerecht werden, daß es Ereignisse gibt, die nach dem Stand des Wissens nicht erklärt werden können und deshalb aus dem »Nichts« zu kommen scheinen. Das Perpetuum mobile wird zu einer Art Joker im enzyklopädischen Kartenspiel des Wissens und Nichtwissens. Das Perpetuum mobile ist kein zusätzlicher Trumpf, sondern eine Art Spielanleitung, die Ordnung zwar nicht schaffen kann, aber ihre Existenz sichert. Es gewinnt seine Bedeutung aus einem elementaren Mißverständnis über den Zusammenhang zwischen geistiger und materieller Ordnung. Die Tatsache, daß wir im Geiste Zusammenhänge schaffen können, zieht noch lange nicht die Konsequenz nach sich, daß wir diese dann in der Natur wiederentdecken können.

Theorie ist »Vorgriff«. Der Theoretiker reibt sich an der Wirklichkeit, die ihm seinen Vorgriff immer wieder als Voreiligkeit anzeigen muß. Der Theoretiker hat also keine Wirklichkeit, er muß sich ihr stets von neuem aussetzen. »Wirklichkeit« ergibt sich für ihn erst aus der Differenz zwischen seinem Entwurf und dem, den ihm die Natur vorspielt. Dem Begriff Perpetuum mobile liegt also ein Mißverständnis über Wirklichkeit zugrunde. Im Gebrauch dieses Begriffes als wesentliches Unding liegt ein Präjudiz vor, indem Unwirkliches hergestellt und das übriggebliebene Wirkliche aus einer geistigen Ordnung heraus erklärt wird. »Wirklichkeit« verliert die Eigenschaft als in der Zeit punktuell auftretendes Mißverhältnis zwischen Ansicht und Erscheinung und siedelt sich in Nachbarschaft zur Illusion an, den Weltprozeß jederzeit innerhalb der geschaffenen geistigen Ordnung wiederzuentdecken.

Dieser »moderne« Wirklichkeitsbegriff grenzt sich erheblich gegen den vorangegangener Epochen ab. Vom antiken Wirklichkeitsbegriff, der besagt, daß die Ordnung des Universums sich ohne weiteres und sofort dem Betrachter zu erkennen gebe; vom scholastischen, daß die Ordnung von Gott offenbart werde; und auch vom Wirklichkeitsbegriff der Renaissance, wonach die Erkenntnis der Ordnung des Universums bereits komplett geleistet wurde und nur noch wiederzuentdecken wäre. Jeder dieser Wirklichkeitsbegriffe wies ein spezielles Manko auf, der auf den drohenden Wiedereinzug des »Absolutismus der Wirklichkeit« (Blumenberg) hinwies: Daß die Natur sich in der Differenz zwischen Idealem und Realem zu weit vorwage, daß die Zuverlässigkeit des Exegeten ungewiß, oder daß das entscheidende Buch der Bücher womöglich verschollen sei. Diesen Gefahren wurde begegnet: Es gab die Schule der Weltweisen, wo die Einsicht in die grundlegenden Ideen weit genug vorangeschritten war, um der Selbstbedeckung der Natur beikommen zu können; es gab die Kanonisierung der Auslegungen und schließlich die rühmlichen Helden der Renaissance, von deren gesichertem Zugriff auf die Geheimnisse der Welt zuverlässige Augenzeugen zu berichten wußten.

Zu Beginn der »Moderne« ist Vernunft nicht das Zauberwort für den jederzeit garantierten vollständigen Blick auf die Wirklichkeit (worin sich wiederum der Irrtum über »Wirklichkeit« zeigen würde), sondern ein unpersönliches Medium zur Akkumulation des Wissens bis zur Allwissenheit der Gattung in einer kaum abzuschätzenden Zukunft; eine Vision, die nicht dazu beitrug, »ein Bewußtsein von Sicherheit und Weltbehagen zu erzeugen« [Blumenberg 1987, 55].

Nicht zufällig gehören aber ab dem 18. Jahrhundert diejenigen Ordnungen zu den attraktivsten Weltbildern, die die Bestimmung von

8. Das Perpetuum mobile und die Welt-Katastrophe

Vergangenheit und Zukunft aus der Kenntnis der Gegenwart versprechen. Man hoffte, die materielle Ordnung auf Gesetze verpflichtet zu sehen, die speziell die Zukunft in Ketten legen, so daß sie nicht mehr als ungebändigte Wirklichkeit auf das Individuum einschlagen kann. Der Energieerhaltungssatz wird die Krönung des Versuchs sein, die Illusion von der erfaßten Ordnung der Welt über die Zeit zu retten, und entpuppt sich als epochale Variante eines allzumenschlichen Bedürfnisses, sich dem »Absolutismus der Wirklichkeit« und der Bestimmung der eigenen Rolle innerhalb der Natur zu entziehen. Um den epochalen Charakteristiken dieser universalen Strategie auf die Spur zu kommen und damit endlich »Geschichte« zu schreiben, werden wir jetzt das Perpetuum mobile nicht nach seiner technischen Bedeutung, sondern in seinem vielschichtigen Gebrauch als Metapher beleuchten.

Das »Perpetuum mobile« war bis weit ins 19. Jahrhundert hinein ein wichtiger und zugleich progressiver Bestandteil des Begriffsarsenals der Geschichts- und Naturphilosophie. Seine Verwendung als Metapher für die Weltmaschine zielte ab auf die Ausgrenzung sowohl Gottes als auch des Teufels. Beide Pole waren transzendent. Sie wirkten hinter der Bühne des Weltgeschehens und ihr Einfluß wurde so nicht mehr hingenommen. Gesetzlichkeit hat immanent zu sein und zwar ohne Ausnahme.

Die Vorstellung der Welt als Maschine bannte einerseits den Einfluß transzendenter Mächte, ob gut oder böse, sie machte die Menschen andererseits jedoch zum gehorsamen Rädchen im Weltgetriebe. Die Kulturgeschichte des Perpetuum mobile zeigt vor allem, daß dieser Preis, die Ohnmacht des Menschen angesichts der perfekten Organisation der Weltmaschine, nur zu gerne für die Sicherheit bezahlt wurde, keinen Angriffen aus dem undurchsichtigen Reich transzendenter Mächte mehr ausgesetzt zu sein.

Zu Beginn der Moderne ist die Welt als Perpetuum mobile von Gott erschaffen gedacht worden, auf eine Weise, daß es der Teufel schwer hat, irgendwo eine Schraube locker zu machen. Heute hat der Energieerhaltungssatz die Aufgabe der Bestandssicherung der Welt übernommen. Es ist ein weltimmanentes Gesetz, ohne transzendente Garantie, und das Perpetuum mobile dient als Synonym für unmögliche Ursachen in Szenarien, die die Folgen einer Außerkraftsetzung des Energiesatzes ausmalen. Aber durch die Kulturgeschichte des Perpetuum mobile zieht sich ein roter Faden, der von dem dichten Gewebe der heraufbeschworenen Sicherheitsgarantien für den Kosmos verdeckt wird: Es ist das ungelöste Problem der Ethik des freien Menschen, der zwischen den Möglichkeiten hin- und herdriftet, sich entweder als verantwortungsloses Rad im Getriebe oder als wirkendes Prinzip in der Natur verstehen zu können. Diesen roten Faden gilt es aufzudecken und er kommt auch zutage, wenn der Sicherheitsaspekt, der mit der Metapher von der Welt als Perpetuum mobile verbunden ist, schichtweise seziert wird.

Der Bedeutungsgehalt dieser Metapher von der Welt als Perpetuum mobile ist von Anfang an tatsächlich hochgradig von dem Gedanken an die Sicherheit bzw. die Sicherung des Kosmos infiziert und spielt in verschiedenen Varianten eine bedeutsame Rolle bei der Interpretation eines Berichtes aus der Bibel, der die Gemüter seit je aufs Heftigste beschäftigt hat. Es geht um den Bericht über die Tat des Josue, der während des Kampfes der Hebräer gegen die Kanaaniter bei der Eroberung Palästinas Gottes Hilfe anrief, daß dieser die Sonne und den Mond still stehen lassen möge, um den Sieg der Hebräer nicht durch die hereinbrechende Nacht zu gefährden. Was denn auch geschah.

Die gläubigen Exegeten haben es mit dieser Bibelstelle stets schwer gehabt. Zwar hat es kaum einen eindrucksvolleren Beweis für die Sorge Gottes um das Volk der Israeliten gegeben, aber die Mittel, derer er sich zu bedienen beliebte, um dieser Sorge nachzukommen, waren suspekt, anrüchig und hart an der Grenze des Zumutbaren. Gott war fürsorglich, aber zugleich ein kosmischer Hasardeur. Diesen Zwiespalt galt es also zugunsten des ersten Aspekts zu bereinigen. Und das um so mehr, als das frühe Christentum sich den Vorwurf gefallen lassen mußte – nicht zuletzt wegen dieses Berichtes –, eine »fa-

8. Das Perpetuum mobile und die Welt-Katastrophe

tale Neigung zur katastrophalen Unordnung« [Blumenberg 1975, 317] der physischen Abläufe an den Tag zu legen. Entsprechend bemühte sich auch die vorkopernikanische Exegese darum, das Außerordentliche, ja Einmalige dieses Berichtes zu betonen und den Konsens zu etablieren, daß Ordnung an sich zuverlässig und das Normale sei, ihre Außerkraftsetzung dagegen ein um so größerer Beweis für Gottes Sorge um das Heil der Menschen.

Nikolaus Kopernikus (1473-1543)

Diese Bibelstelle wurde übrigens zu einem der Stolpersteine für Kopernikus und seine Anhänger. Und dieser Umstand ist nicht ohne eine gewisse Ironie, wurde ihm doch etwas zur Last gelegt, was er durch seine lebenslange astronomische Arbeit gerade zu entschärfen versucht hatte. Die Bibel war das gesprochene Wort Gottes, und als solches konnte es keiner nachgeschalteten Interpretation bedürftig sein. Und es hieß nun einmal, daß Josue die Sonne und eben nicht die Erde stillstehen hieß. Kopernikus Versuch, das heliozentrische System als das natürlichere zu etablieren, war vor allem anderen ein Tribut an den traditionellen Glauben, daß die Ordnung des Universums offenbar und nicht etwa über komplizierte und trügerische Hypothesen zu enttarnen sei. Das geozentrische System hatte sich nämlich durch die zunehmenden Unstimmigkeiten zwischen der angelegten Theorie und dem seit der Antike kumulierten Beobachtungsmaterial diskreditiert und blieb in zunehmendem Maße die Versicherung schuldig, daß die von Gott eingerichtete Natur für den Menschen durchschaubar sei.

Das Vertrauen in die für die Menschen günstigen Absichten Gottes setzt sowohl auf seine Taten als auch auf seine Worte. Die – durchaus immer noch christliche – Interpretation dieser Bibelstelle im natürlich gewordenen Rahmen der Heliozentrik basierte nun auf einem gewissermaßen ausgedünnten Heilsverständnis, das im Verlust der Geozentrik nicht die Ursache hat, aber keine Scheu mehr zu haben braucht, ihn zu akzeptieren. Das gewandelte Heilsverständnis hatte auf die eben noch erwähnte doppelsinnige Abhängigkeit des Menschen von Gott keine Rücksicht mehr zu nehmen. Es gibt eine Akzentverschiebung, bei der das Perpetuum mobile eine entscheidende Rolle zu spielen beginnt; es wird zum Inbegriff der bewunderungswürdig komplexen und sich zugleich selbsterhaltenden Schöpfung. Ihre Gefährdung manifestiert sich nicht mehr in einer drohenden Abwendung Gottes, sondern sozusagen im krassen Gegenteil – durch einen ihrer Natur als Maschine unangemessenen quasi laienhaften Eingriff. Es würde, so der Theologe Reimarus, selbst den eingefleischtesten Dogmatikern langsam klar, daß diejenigen, welche wie Josue durch das bloße Wort »die gantze Natur umkehren«, nachgerade »Ungeheuer« seien, derer es sich zu schämen gelte. Diese »Herrn Theologi« begriffen wohl,

> »daß es mit der gehemmten Bewegung der großen Weltkörper ein wenig mehr zu bedeuten habe, als wenn einer den Perpendikel seiner Uhr einen Tag wollte ruhen lassen; und daß es allem, was Odem hat, das Leben kosten würde, wofern dieses Perpetuum mobile nur einen Augenblick ruhete« [nach Blumenberg 1975, 322].

Reimarus zieht als Theologe völlig neue Stränge der Verantwortlichkeit. Gottes Arsenal der Eingriffsmöglichkeiten wird eingeschränkt. Das Manipulieren an den Weltkörpern wird zum Unding, da jetzt innerweltliche Gesetze auf die Sicherung des Bestandes abzielen, was ein außergesetzlicher Eingriff in Frage stellen würde. Die wörtliche Interpretation macht sich unmöglich; ihr fehlt zur Durchschlagskraft die Zuversicht – und auch nur der Wunsch –, daß es eine außerweltliche Macht sei, die die Dinge in der Welt erhält oder ständig neu einrichtet. Es gibt hier sowohl eine Kontinuität als auch eine Wendung in der Auseinandersetzung mit dem biblischen Bericht. Die Basis bleibt das Augenmerk für die potentiellen und allemal abzulehnenden Ge-

8. Das Perpetuum mobile und die Welt-Katastrophe

fährdungen für die Menschheit. Reimarus erscheint der Eingriff in das Perpetuum mobile »Welt« allerdings als grundsätzlich fragwürdig. Es vollführt seinen Lauf aus einer immanenten Gesetzmäßigkeit und ein gewalttätiger Eingriff ist nicht mehr das augenfällige Wunder zugunsten der Menschen neben dem normalen Wunder der Erhaltung des Kosmos durch Gott, sondern von vornherein eine vorsätzliche Störung des in sich abgestimmten Getriebes der Welt.

Circa einhundert Jahre nach Reimarus taucht die Josue-Bibelstelle bei dem Thermodynamiker John Tyndall erneut auf, und hier ist der christliche Hintergrund völlig verschwunden. Es geht gar nicht mehr um die Frage, wie das Geschehen als Geschehen Gottes zu interpretieren sei, auf welche Weise also – durch Sonnen- oder durch Erdstillstand – für die Menschen das größere Heil gebracht, oder wenigstens kein Übel in die Welt gesetzt wird. Es geht nur noch um den Tatbestand als solchen, was schon daran deutlich wird, daß Tyndall gar nicht erst auf den Unsinn des Sonnenstillstandes eingeht. Tyndall meinte, schrieb Gutberlet zusammenfassend, daß der Verfasser des Buches Josue in seiner Naivität keine Vorstellung von der Katastrophe gehabt habe, die er in seiner Erzählung so einfach voraussetze:

> »Da die Erde von bekannter Masse in einer Sekunde ungefähr vier Meilen zurücklegt, so repräsentiert ihre mechanische Bewegungskraft ein Kraftquantum, durch welches eine Wärme von 112 000 Grad erzeugt werden könnte. Durch einen plötzlichen Stillstand der Erde hätte sich aber alle ihre lebendige Kraft in Wärme umsetzen müssen. Damit wäre sie aber ganz geschmolzen oder in Dampf aufgegangen. Diese Hitze ist gleich der, welche eine Steinkohlemasse, die 14 mal größer wäre als unsere Erde, durch Verbrennung erzeugen würde« [Gutberlet 1882, 31].

Man sieht, daß es nicht mehr um die richtige Interpretation eines göttlichen Eingriffs zugunsten der Menschen geht, sondern allein um die nackten Konsequenzen der »Erzählung« als hypothetisches Naturereignis. Die Betonung liegt eindeutig auf der Schadensbegrenzung. Das Ereignis (der Erdstillstand) ist seines transzendenten Ursprungs beraubt, seine Wirkungen können nur noch katastrophal sein. Und diese Wirkungen sind sogar mit Hilfe des Energiesatzes quantifizierbar und zeigen numerischen Horror an.

Zwischen den Textfragmenten von Reimarus und Tyndall gibt es eine gewisse Strukturähnlichkeit. Beide gehen von einer der Welt innewohnenden Gesetzmäßigkeit aus, die die Beziehungen der Dinge untereinander ohne den Einfluß äußerer Mächte regelt. Reimarus nun ist – als Theologe – gegen die wörtliche Interpretation, weil Gott damit sich selber unterbieten würde, er hat die Welt ja gerade ihres optimalen inneren Zusammenhanges wegen so geschaffen wie sie ist, und kann durch einen Eingriff in diese Maschine nur noch hinter sich selbst zurückfallen. Die immanente Gesetzmäßigkeit hat bereits optimalen Heilscharakter und ein Abweichen davon wäre dann unverständlich. Bei Tyndall gibt es keinen Heilscharakter, ja er schicke sich geradezu an, so Gutberlet, »das Eingreifen eines Schöpfers zu bekämpfen« [Gutberlet 1882, 31]. Es gebe ihn weder im Zusammenspiel der Dinge, noch in der Tatsache zu entdecken, daß der Welt eine Gesetzmäßigkeit innewohnt. Es gibt nur die Beziehung der Dinge untereinander und zu den Menschen mit der brennenden Frage, ob sie ihm schaden könnten oder nicht.

Tyndall läßt sich über die Wirkungen des Erdstillstandes aus, äußert sich aber in keiner Weise über mögliche Ursachen. Überspitzt formuliert, entbindet er schädliche Wirkungen aus dem Arsenal der möglichen Ursachen. Oder: was schädliche Wirkungen hervorrufen könnte, gibt es nicht und braucht deswegen nicht diskutiert zu werden. Damit ist schon eine intime Nähe zum modernen Perpetuum-mobile-Begriff angezeigt, der für Wirkungen ohne Ursachen und damit apriori für einen Terror unbekannten Ursprungs stehen wird. Was bleibt modernem – von theologischem Gedankengut letztlich aber nicht emanzipiertem – Denken auch anderes übrig, wenn es den Verlust einer Heilszuversicht ersetzen muß und nicht reflektiert hat, daß ein menschliches Sicherheitsbedürfnis der Antrieb dazu war und nach wie vor nach Befriedigung strebt.

8. Das Perpetuum mobile und die Welt-Katastrophe

Der Reigen der Bibelinterpreten wird mit einer Affäre aus unserer Zeit beschlossen. 1950 trat der Mediziner und Altphilologe Immanuel Velikovsky mit einem Buch an die Öffentlichkeit, in dem u.a. eben jene Bibelstelle ernster genommen wurde, als die Bibelexegese es sich je getraut hatte. Dieses Ernstnehmen war aber nicht die Folge wortgläubiger Neuinterpretation, sondern ergab sich aus der Zusammenschau ähnlicher Berichte über »Sonnenstillstände« aus anderen Kulturkreisen derselben Zeit. Velikovsky ging es nicht um eine Reetablierung alter Vorstellungen über die wundermäßigen Eingriffe Gottes in die Geschicke der Menschen, sondern um das glatte Gegenteil. Er demonstrierte die partielle Glaubwürdigkeit überkommener und religiös eingekleideter Berichte aus historischer Zeit, indem er durch Vergleich von Textquellen, die sich offenbar auf dasselbe Phänomen bezogen, ihre spezifischen Ausschmückungen beiseite schieben und den gemeinsamen realen Kern »heben« konnte.

Immanuel Velikovsky
(1895-1979)

Die spezielle Bibelstelle, in der vom Sonnenstillstand beim Kampf der Israeliten gegen die Kanaaniter berichtet wurde, hatte ihre Entsprechung z.B. in mexikanischen Überlieferungen, die der Geistliche Bernardino de Sahagun nach Ankunft der Europäer in Mittelamerika niederschrieb. Auch chinesische Texte aus der gleichen Zeit berichten von einem Sonnenstillstand (resp. von der Tatsache, daß die Sonne nicht aufgehen wollte). Velikovsky interpretierte die Quellen unter Abspeckung ihres Verarbeitungskleides als Berichte tatsächlich stattgehabter Katastrophen, die er auf ein Einwirken des Planeten Venus zurückführte, da sich alle religiösen Verarbeitungen dieser Ereignisse auf diesen Planeten bezogen. Velikovskys Theorie schrieb der Venus die Rolle eines erratisch die Bahn der Erde kreuzenden Himmelskörpers zu, der erst im 8. Jahrhundert vor der Zeitenwende seine heutige Bahn erreichte.

Dieses Szenario ging völlig gegen den Strich der akzeptierten Naturgeschichte, und zwar nicht nur gegen die Rekonstruktion der Geschichte, sondern auch gegen die Methode, wie diese Rekonstruktion verbindlich geleistet worden war. Die Methode Velikovskys bestand im Vergleich unabhängig voneinander entstandener Berichte zu demselben Ereignis, der es in vielen Fällen möglich machte, die religiösen und mythischen Verkleidungen, die mit den Berichten i.a. verbunden waren, von den harten »facts« zu trennen. Das Ergebnis erschien als ein unzumutbares Szenario zerstörerischer Naturgewalten, die über die Menschheit hinweggefegt waren und das auch noch zu Zeiten, die wir als historisch bezeichnen.

Unter völliger Verkennung der zugrundeliegenden Methode notierte der Direktor des Harvard College Observatoriums, Harlow Shapley, in einem Brief an den Verleger des Buches, daß Velikovskys Behauptung, die Sonne habe stillgestanden, der ausgemachteste Blödsinn wäre, der ihm je untergekommen sei, und er habe bereits einen Haufen von Narren kennengelernt:

> »Die Tatsache, daß die menschliche Zivilisation zum gegenwärtigen Zeitpunkt existiert, ist das gewichtigste Argument dafür, daß nichts dergleichen in historischen Zeiten passiert ist. Die Erde hat nicht im Interesse der Exegese stillgestanden« [Velikovsky 1983, 81].

Dieser Aussage läßt sich auch so interpretieren, daß die Erde im Interesse der Menschheit nicht zu rotieren aufhören darf.

Es kommt mir so vor, als wäre in der Wendung von der theologischen zur »modernen«, d.h. im wesentlichen wissenschaftlichen Auseinandersetzung mit dieser Josue-Bibelstelle das Interpretationsmuster an der Frage des Heils für die Menschheit hängengeblieben. Was früher als dem Heil der Menschen bzw. der Israeliten dienend für wahr genommen wurde, muß nun aus dem Katalog der Möglichkeiten gestrichen werden, weil es am Ende der gesamten Menschheit zum fundamentalen Schaden bis hin zur völligen Vernichtung gereichen würde. Die Wendung ist deutlich genug: Solange am Glauben an einen gütigen Gott festgehalten wurde, ließen sich Naturgewalten, die über die Erde hinweggingen, noch als göttliches Instrument interpretieren, das ins Geschehen letztlich zum Wohle der Menschen eingriff. Unter Verlust dieses Glaubens – und ohne Überlegungen, warum er so lange virulent gewesen ist –, fallen solche Ereignisse in die Kategorie des Unmöglichen. Der Begriff des Perpetuum mobile findet hier seinen neuen Bedeutungszusammenhang; er steht für eine transzendente Macht, die tendenziell Terror ausübt und zugleich seinen Wirkungszusammenhang verbirgt.

9. Auf dem Tanzboden der Kausalität

Die Interpretationsgeschichte jener Josue-Erzählung aus der Bibel enthüllt die Verwandlung eines heilsgeschichtlichen Aspekts, denn mit der Erzählung sind gewaltsame Vorgänge oder Eingriffe in die Ordnung des Kosmos verbunden, welche nur solange hinlänglich erträglich und damit als real vorstellbar sind, wie die Ursache für die Gewalt in einer den Menschen wohlgesonnenen Macht zu verorten ist. Entfällt der Konsens, daß solch eine Macht existiert, geraten alle vorderhand ja unsichtbaren Ursachen für Gewalt im Kosmos und damit auch gegen die Menschen ins Zwielicht und letztlich in die Verbannung. Kosmische Unordnung, ehedem als historische Tatsache gehandelt, bleibt denkmöglich, hat aber keine Chance, von der Potentialität in Aktualität überzugehen.

James Prescott Joule
(1818-1889)

Potentialität ist kein passender Ausdruck. Der Witz in der Etablierung eines Naturgesetzes besteht gerade in der Möglichkeit, Potentialitäten auszuschließen. Die in der Welt tätigen Ursachen scheinen auf ein friedliches Gleichgewicht der Naturkräfte ausgerichtet zu sein – wie man es ja allenthalben auf der Erde und am Himmel beobachten kann. Wenn Frida Ichak den Energieerhaltungssatz als »eisernes Gesetz« anspricht, dessen strengen Regeln nicht nur die Dinge im Himmel und auf der Erde gehorchen, sondern auch die »zwischen Himmel und Erde« [Ichak 1907, 42], so ist das direkt gegen die theologisierende Formel gerichtet, daß es wohl Dinge zwischen Himmel und Erde gebe, die der Mensch nicht verstehen könne. Nun hatte diese Formel keinen resignativen Charakter, sondern wurde vor einem Vertrauenshintergrund bezüglich der Absichten Gottes ausgesprochen. Dieses

9. Auf dem Tanzboden der Kausalität

Vertrauen ist unter der Ägide umfassender Naturgesetze nicht mehr nötig. Oder: Unter einem Vertrauensverlust wird der Einzug umfassender Naturgesetze heftig begrüßt.

Der Energieerhaltungssatz wurde als Prinzip verstanden, das die organische und anorganische Natur zusammenschließt und in ihrem Zusammenspiel verkettet. James Prescott Joule schrieb:

> »In der Tat bestehen die Naturphänomene, seien es mechanische, chemische oder solche des Lebens, nahezu gänzlich in einer beständigen wechselseitigen Umwandlung von Anziehung durch den Raum, lebendiger Kraft und Wärme. Auf diese Weise wird die Ordnung im Universum aufrechterhalten, nichts wird gestört, nichts geht jemals verloren, sondern die ganze Maschine, so kompliziert sie auch ist, funktioniert reibungslos und harmonisch« [nach Prigogine 1981, 117].

Trotz der schier unüberschaubaren Komplexität bleibe doch die vollendete Regelmäßigkeit erhalten, »denn das Ganze wird von dem unumschränkten Willen Gottes gelenkt« [ibid.]. Die Energieerhaltung allein stößt Gott also nicht von seinem Thron. Aber der Interpretationsspielraum, der mit ihr gegeben ist, enthebt ihn der Notwendigkeit seiner Existenz.

Der mit dem Energiesatz eröffnete Spielraum wird ganz entscheidend durch eine Abtrennbarkeit von Teilsystemen in der Natur eröffnet, ein gänzlich neuer Aspekt, denn der Kosmos war bis dahin eine einzige »Kette« gewesen, eine »great chain of being«, in der das Einzelne Nichts war ohne den Rest. Das Einzelne darf nun abgetrennt werden, weil die mit dem Energiesatz garantierte Kausalität weiterhin, auch unter Isolation des Einzelnen für einen unbeschadeten Bestand des Ganzen sorgte. Das hat eine wichtige Konsequenz: Der Mensch kann sich von seinem Objekt distanzieren. Der Energiesatz hat zwar eine kosmische Dimension, aber die ist nicht entscheidend; der Kosmos ist »atomisierbar« geworden. Ein Teilsystem ist nicht mehr der notwendige Bestandteil des Gesamtsystems, notwendig gegeben sind nur noch etwaige Zusammenhänge zwischen beiden. Der Mensch hat jetzt die »Chance«, sich als dem Geschehen des Teilsystems gegenüber indifferent, nur noch erkennend zu verstehen. Die objektive Betrachtungsweise, wie sie die Wissenschaft anwenden müsse, schrieb Max Planck 1936, entspreche dem Standpunkt des »absolut passiv bleibenden Beobachters« [Planck 1975, 311]. Eine Frage nach dem Sinn seiner Existenz bezüglich des Teiles oder dem Ganzen verliert an Gewicht, da seine Fähigkeit, diese erkennen und beschreiben zu können, mit dieser Frage nichts mehr zu tun hat.

Die Unterstellung, daß jedes aus der »Welt« isolierte System in seinen Beziehungen zu ihr eindeutig bestimmbar ist und daß es sich zuverlässig an diese

Max Planck
(1858-1947)

Verbindungen hält, muß von sehr großer Bedeutung sein. Man erkennt es daran, daß Szenarien, die ein Abweichen von diesen Beziehungen durchspielen, stets und dann gleich in kosmischen Ausmaßen perhorresziert werden. Woran sich auch zeigt, daß der psychologische Gewinn aus dem Unterfangen »Weltverständnis« nie direkt zugegeben wird, sondern sich nur in der Negation verrät. Emil Du Bois-Reymond, seinerzeit der Vorsitzende der Preußischen Akademie der Wissenschaften, beschrieb es so:

> »Wiche eine Molekel ohne zureichenden Grund aus ihrer Lage oder Bahn, so wäre das ein Wunder, so groß, als bräche der Jupiter aus seiner Bahn und versetzte das Planetensystem in Aufruhr« [nach Gutberlet 1882, 83 f].

Sollte auch nur die geringste Unregelmäßigkeit in der Bewegung der Weltkörper auftreten, so H.W.v. Walthofen, so hätte das die »Vernichtung der ganzen wunderbaren Mechanik der Weltsysteme und damit die Zertrümmerung unzähliger Weltkörper zur Folge« [Walthofen 1904, 155]. Auch Ret Marut griff im »Ziegelbrenner« nach den Sternen, um die Konsequenzen einer Störung in den »streng gesetzmäßigen« Abläufen im Universum auszumalen:

> »Würde auch nur eine einzige Störung im Weltall vor sich geben, so gäbe es eine Katastrophe, für die uns jeder Begriff, jedes Vorstellungsvermögen, ja vielleicht sogar jedes Denkvermögen fehlt« [Marut 1920, 6].

Auf die Kausalität der Wechselwirkungen der Dinge in der Natur wird also größter Wert gelegt. Eine Verletzung hätte etwas zur Folge, was schon früher als dem von Gott garantierten Heil widersprechend für zumindest fragwürdig gehalten wurde. So undenkbar auch ein außer Rand und Band geratener Kosmos geworden sein mag, so wird den Weltuntergangsszenarien dennoch ein Asyl gewährt, denn zum metaphysischen Ritus der Bestandssicherung gehört das Markieren und Diskreditieren aller Eventualitäten, die dieser Bestandssicherung entgegenstehen könnten, so daß auf besonders eindringliche Weise der Wert des angegebenen Pfandes für die Zuverlässigkeit der Ordnung des Kosmos betont werden kann.

Die Kausalität des Naturgeschehens ist keineswegs ein von der Neuzeit erfundenes Thema. Nur ihre Interpretation – immanente Evidenz statt transzendenter Garantie – ist neu. Betrachten wir dazu ein antikes Denkmodell, das sich ebenfalls mit der Vorstellung des Horrors von außernaturgesetzlichem Verhalten zu befassen wagt (aus den »Fragmenten der Vorsokratiker«):

> »Die Sonne wird ihre Maße nicht überschreiten, wenn aber doch, dann werden Erinnyen, der Dike Helferinnen, sie zu fassen wissen« [nach Kelsen 1939, 81].

Dike ist die »Unerbittliche«, die »Richterin derer, die das göttliche Gesetz nicht erfüllen« [ebd., 82]. Hans Kelsen bemerkt in einem Aufsatz über »Die Entstehung des Kausalgesetzes aus dem Vergeltungsprinzip«, daß die Unverbrüchlichkeit des Kausalgesetzes, kraft dessen die Sonne ihre Bahn einhalte, aus der Verbindlichkeit einer Rechtsnorm komme.

> »Und daß die Unverbrüchlichkeit des Weltgesetzes nicht darin liegt, daß man es immer beobachtet – der Fall, daß die Sonne ihre Maße überschreitet, wird nicht absolut ausgeschlossen! Sondern darin, daß seine Verletzung immer und ausnahmslos geahndet wird, weil das Weltgesetz, als Rechtsgesetz (..) ein Gesetz der Vergeltung, und als solches der unerschütterliche Wille einer Gottheit ist« [ebd., 82 f].

Antikes und scholastisches Denken vertraute auf das Wirken transzendenter Mächte, die für den ordentlichen Ablauf des Weltgeschehens – zu welchem unterschiedlichen Ende auch immer – zu sorgen haben. Diese Mächte sind eine Kompensation für Erklärungs- und Sicherheitsdefizite und werden später als überflüssiger Bodensatz in einer durch die Evidenz gesicherter Umwandlungen übersättigten Kosmologie ausgefällt und abgeschieden werden. Die unbedingte Gültigkeit der Kausalität ist dann ohne transzendente Garantie und lebt durch den Konsens. Das ist einer der Gründe, warum das Perpetuum mobile so indiskutabel wird. Es ernst zu nehmen, hieße, diesen Konsens zu gefährden. Wenn das Perpetuum mobile ehrlicherweise auch nur als Synonym stets zu gegenwärtigender Undurchdringlichkeit der Phänomene aufgefaßt werden sollte, wird einmal mehr deutlich, wie unerträglich die Aussicht ist, die Dinge der Natur nicht zu haben. Der Energiesatz wird zur

> »Waffe, welche sich Bahn bricht durch alle Hindernisse und Schranken der Citadelle der Natur, und bis in ihre geheimsten Schlupfwinkel vorzudringen vermag« [Stewart 1875, 166].

Das »Perpetuum mobile« hatte in der Bezeichnung der Weltmaschine eine positive Bedeutung, solange die Welt noch vom Einfluß transzendenter Mächte freizumachen und freizuhalten war. Der Maschinenbegriff verweist allerdings immer noch auf den Erfinder und auf den Saboteur, auf Gott und den Teufel, und die laufende Maschine kann nach wie vor das Vehikel einer fremdbestimmten Geschichte sein.

Mit der Verweltlichung der Kausalität, nämlich daß der zureichende Grund für einen Naturvorgang ohne Ausnahme innerhalb der Natur zu finden sein wird, müssen diese Assoziationsmöglichkeiten gekappt werden. Der bis dahin so wichtige Bedeutungszusammenhang zwischen Perpetuum mobile und real existierenden, aber zugleich gebannten transzendenten Mächten entfällt. Das Perpetuum mobile schrumpft zu einem technischen Gerät zusammen, das es nicht geben kann, da es die weltimmanente Kausalität zerstören würde. Das Prinzip vom ausgeschlossenen Perpetuum mobile, schrieb Ernst Mach, sei nur eine andere Form des Kausalgesetzes [1909, 42]. Das Neue dabei ist die programmatische Absicht, die Gründe für Naturvorgänge nur noch innerhalb der Natur suchen zu wollen. Das Alte, Traditionelle ist die verbliebene Assoziationsmöglichkeit, daß das Perpetuum mobile ein Werkzeug tendenziell bösartiger transzendenter Mächte sei (vgl. Kapitel 13, »Teufeleien«). Auf dieser metaphorischen Ebene wird gegen die drohende Wissenslücke wie gegen den Teufel gekämpft. Das Perpetuum mobile hätte ja als Synonym für noch zu erschließende Wissensbereiche Eingang in den Sprachschatz des modernen Menschen finden können; als Erinnerung daran, daß er Natur nicht vollständig hat. Doch er illusioniert die jederzeit vollziehbare vollständige Durchleuchtbarkeit der Natur und verbindet die drohende Wissenslücke mit dem unheimlichen Perpetuum mobile, als würde ein Nichtwissen seinerseits das Wissen und vor allem die Macht einer unbekannten Kraft provozieren.

Ernst Mach
(1838-1916)

Wir werden die Gründe für diese Überreaktion noch durchleuchten: Das Eingeständnis von Nichtwissen verbindet sich auf unerträgliche Weise mit der Einsicht, daß das eigene auf die Zukunft bezogene Handeln frei ist. Die rituelle Blockade des Perpetuum mobile schließt hingegen die Welt zu einem so starren Gefüge zusammen, daß dem Menschen nichts mehr zu tun übrig bleibt.

10. Die Weltmaschine stirbt den Wärmetod

Das Verständnis und die Interpretation des Begriffs Perpetuum mobile hat durch die Formulierung und Anerkennung des Energieerhaltungssatzes einen nachhaltigen Impetus und eine entschiedene Umwandlung erfahren. Bis zu dieser neuen Ära blieb das »Perpetuum mobile« vor allem eine Metapher für die in sich geschlossene Welt, die aller vorhandenen Teile und Inventarien auch bedurfte, um nach den eingeschriebenen Gesetzen einen harmonischen Lauf vollführen zu können. Das kommt in dem »Physikalischen Lexikon« von 1858 noch deutlich zum Ausdruck.

> »Ein Perpetuum mobile ist ein materieller Gegenstand, der sich immer in Bewegung befindet, und dessen Bewegung nicht durch andere Körper unterhalten wird. (..) In diesem Sinne gibt es nun erfahrungsmäßig nur ein Perpetuum mobile, nämlich das Weltganze.«

Aber die »Welt als Perpetuum mobile« gerät für den Autor dieses Lexikon-Artikels durch die Erkenntnisse bezüglich der Äquivalenz der »Kraftumwandlungen« und der Dissipation von Arbeit in Wärme in Gefahr. Als nämlich alle Versuche zum Bau eines Perpetuum mobile im Kleinen mißglückt waren, begann man

> »nach den Gründen der Unmöglichkeit einer solchen Maschine (zu fragen). Als auch die Beantwortung dieser Frage entschieden war, wie sie ja jetzt jedem, der mit den Hauptlehren der Mechanik vertraut ist, geläufig sein muß, hatte sich eigentlich ein Widerspruch ergeben. Warum sollte ein Perpetuum mobile im Kleinen nicht möglich sein, da es doch im Großen, in der Gesammtnatur augenscheinlich vorlag?«

Oder, was ganz offensichtlich als bedrückendere Variante empfunden wurde: Sollte die Natur etwa ihre Bewegung nur einem mitgegebenen Arbeitsquantum entnehmen, nach dessen Erschöpfung die Uhr der Welt abgelaufen wäre [195]? Am Schluß des Artikels wird ein Resümee gezogen:

»Von diesem Standpunkt aus erscheint alle Bewegung in der gesammten Natur nur als ein stetes Umsetzen der Naturkräfte, die aber da, wo sie sich in Wärme verwandelt haben, den einen Teil als Wärme zurücklassen müssen, und nur den anderen Teil dem allgemeinen Spiel zurückgeben können, so daß auch im Naturganzen die Summe wirksamer Kräfte von Tage zu Tage geringer werden muß, und, wie es scheint, nicht einmal das Naturganze den Namen eines Perpetuum mobile in aller Strenge verdient« [200].

Hier liegt nur ein Text von vielen aus dieser Zeit vor, die einen Wendepunkt in der Betrachtung des Universums markieren. Man kann fast sagen, daß die Metapher ausgereizt ist, und zwar durch das Diktum der vollständigen Erkennbarkeit des Universums. Der Gewinn aus dieser Metapher bestand in der Abgrenzung nach außen. Ein Perpetuum mobile ist, zumal als »Welt«, in sich abgeschlossen und – vor allem – von »Außen« nicht antastbar. Durch diesen klaren Trennstrich zwischen »Innen« und »Außen« (es gibt das Außen erst durch die Errichtung einer Grenzbarriere) wird nun die Erkenntnis, daß Wärme und Arbeit ineinander verwandelbar sind, daß aber aus der Wärme nie wieder das vollständige Arbeitsquantum gewonnen werden kann, zum Todesstoß für das Modell von dem filigranen Bauwerk der Welt als ewig sich bewegender Maschine.

René Descartes
(1596-1650)

Das Modell stirbt gewissermaßen an Überbelastung. Die Abschließung der Welt kam auf Dauer ohne eine Vorstellung von der Erhaltung der Bewegung oder der Kräfte bzw. der Energie nicht aus, und wurde auch in den verschiedensten Formen von Autoren wie Descartes, Leibniz, Wolff etc. sehr früh eingeführt. Eine Bezuschussung der

10. Die Weltmaschine stirbt den Wärmetod

Welt war systemimmanent undenkbar geworden. Das Modell machte natürlich nur einen Sinn, wenn man behauptete, daß die in der Welt wirkenden und sich ineinander verwandelnden Kräfte bekannt seien, daß es keine unbekannten Kräfte als Synonym für eine transzendente Macht gäbe. Die Erkenntnis von der unumkehrbaren Umwandlung von Bewegungsenergie in Wärme war vor dieser Strukturierung durch Einführung bislang eben noch unbekannter Energien nicht kompensierbar: Lieber das Weltall dem Wärmetod preisgeben, als ein Defizit in der Erkenntnis der Naturkräfte zugeben.

Die Vorstellung von der zunehmenden und nicht zurückzunehmenden Dissipation von Bewegungs- in Wärmeenergie etablierte sich sehr bald nach der Formulierung des Satzes von der Energieerhaltung. Ihr ist ein eigenes Kapitel gewidmet, mußte hier aber Erwähnung finden, da sie eine Art Verkehrs- oder Hinweisschild für die modernen Interpretationsschemata des Energiesatzes abgegeben hat. Der Satz von der Entropiezunahme bewirkte auch eine Kanalisierung der Anstrengungen, wie der Energiesatz und die Perpetuum-mobile-Metapher für das Projekt der Bestandssicherung der Welt auszubeuten seien. Die fortan sehr eingeengte Interpretation des Perpetuum mobile als unmögliche Maschine im kleinen verweist zugleich auf den Grund, warum das Bild von der Welt als Perpetuum mobile scheitern mußte: Es ist der voreilige Wunsch, die Welt in den ihrer Bewegung zugrunde liegenden Ursachen bereits vollständig begriffen zu haben.

Gottfried Wilhelm Leibniz
(1646-1716)

11. Die Sackgasse wird asphaltiert

Der Schwerpunkt bei der metaphysischen und physikalischen Diskussion des Energieerhaltungssatzes lag anfänglich eindeutig und unübersehbar auf dem Gewinn an Sicherheit über die Erkennbarkeit der Natur und behandelte ihn zugleich als Garanten für ihre Zuverlässigkeit. Für gewöhnlich werden Julius Robert Mayer, Hermann Helmholtz und James Prescott Joule als Entdecker und Formulierer dieses Satzes genannt. Es kann nur anfängliche Verwunderung darüber bestehen, daß Mayer Arzt und Helmholtz zu Beginn seiner akademischen Laufbahn Physiologe war, vielmehr läßt sich in dieser Tatsache eine gewisse innere Logik entdecken, die die schon im vorhergehenden Kapitel gemachte Bemerkung über den durch den Energiesatz eröffneten Interpretations-Spielraum sinnfällig macht: Die Möglichkeit zur klaren Trennung zwischen Objekt und Subjekt der Erkenntnis und dessen letztendliche Ausschaltung als verantwortliches Subjekt des Handelns. Mayer und Helmholtz begründeten ihre jeweilige Fassung des Energieerhaltungssatzes direkt bzw. indirekt mit der Unmöglichkeit des Perpetuum mobile. Nicht nur die Anrüchigkeit der Metapher von der »Welt als Perpetuum mobile« wegen des drohenden Wärmetodes führte also zur Einengung ihres Gebrauchs, sondern auch ihre Einbindung bei der Begründung des Energiesatzes.

Hermann von Helmholtz
(1821-1894)

Einen wichtigen Anstoß für seine naturtheoretischen Überlegungen erhielt Robert Mayer während einer Reise als Schiffsarzt nach Java, auf der er genötigt war, bei etlichen Vertretern der Schiffsmannschaft Aderlässe vorzunehmen. Ihm fiel dabei der kaum mehr merkliche Farbunterschied zwischen Venen- und Arterienblut auf und er vermerkte, daß aufgrund des in den südlichen Breiten nur noch geringen Temperaturunterschiedes zwischen der tropischen Luft und dem menschlichen Körper auf eine wesentlich geringere Sauerstoffversorgung bzw. Oxidation des den Körper versorgenden Blutes mit nachfolgend geringerer »Heizleistung« des Körpers zu schließen sei. Mayer sah grundlegende Zusammenhänge zwischen den Naturerscheinungen, alles wechselwirke durch den Austausch von »Kräften«. Die Pflanzen absorbierten das Sonnenlicht und bauten chemische Differenzen auf, wurden von Tieren verspeist, die diese Differenzen durch Verbrennung wieder abbauen und durch Umwandlung der entstehenden Wärme in Arbeit ihre Bewegungen vollführen können. Der Tod der Organismen führe letztlich der Erde den notwendigen Rohstoff zu, aus dem mit Hilfe der Sonne neues Wachstum möglich werde.

Alle Formen, in denen Kräfteerscheinen können, sei es die Wärme, mechanische Arbeit oder »chemische Differenzen«, sind ineinander verwandelbar: »Kräfte sind also: unzerstörliche, wandelbare, imponderable Objekte« [Mayer 1911, 4]. Die quantitative Unveränderlichkeit der Kräfte sei ein »oberstes Naturgesetz, das sich auf gleiche Weise über Kraft und Materie erstreckt.« Zu verteidigen wußte Mayer seine Behauptungen unter anderem auf folgende Weise (in einem Brief an Griesinger 1842):

> »Ein Beweis, der, für mich subjektiv, die absolute Wahrheit meiner Sätze darthut, ist ein negativer: es ist nämlich ein in der Wissenschaft allgemein angenommener Satz, daß die Konstruktion eines Mobile Perpetuum eine theoretische Unmöglichkeit sei (...), meine Behauptungen können aber alle als reine Konsequenzen aus diesem Unmöglichkeitsprinzip betrachtet werden, leugnet man mir einen Satz, so führe ich gleich ein Mobile perpetuum auf« [nach Heim 1898, 26].

Vordergründig mag es nun unverständlich erscheinen, daß ausgerechnet ein Arzt als erster zur Formulierung des späteren Fundamentalsatzes der Physik gelangt ist (und – vergleicht man seine Arbeit z.B. mit der von Helmholtz – das Thema zugleich weitaus tiefschürfender behandelt hat). Aber bei einiger Überlegung ist das nicht mehr ganz so verblüffend. Mayers Überlegungen machten auch den Standpunkt eines »modernen« Arztes deutlich. Der Mensch bzw. jeder Organismus und letztlich jeder Teil der Natur wird als eigenständiges System betrachtet, das innere Zusammenhänge und Gesetzmäßigkeiten aufweist und mit seiner Umgebung Materie und »Kräfte« austauscht. Krankheit und Gesundheit lassen sich für den Arzt unter diesem Aspekt anscheinend klar definieren, Krankheitsursachen in einer Störung innerer Abläufe und auch in einem falschen Stoffwechsel des Körpers mit seiner Umgebung vermuten. Therapie bzw. Heilung ist ein Versuch zur gezielten Herstellung des alten Fließgleichgewichtes. Ein moderner Arzt hätte ohne die Vermutung, daß die Krankheit eines Patienten sich mit denselben Mitteln heilen lassen müßte, die bei einem anderen Patienten mit denselben Symptomen zum Erfolg geführt haben, keine Arbeitsgrundlage.

Hinter einem solchen Patienten- oder Menschenbild steckt eine Einstellung, die sowohl emanzipativ als auch gefährlich ist. Natürlich liegt eine Entzauberung der krankheitsverursachenden Kräfte vor. Das Kindbettfieber ist keine Strafe Gottes oder das Resultat zurückliegender Verfehlungen, sondern auf mangelnde Hygiene bei der Geburtshilfe zurückzuführen. Und zwar immer. Es wird also möglich, in Entzündungen Bakterien als Verursacher zu entdecken – und zugleich dann jeder Art von Entzündung mit einem Breitband-Antibiotikum beizukommen. Gefährlich wird es, weil der unterstellte Kausalzusammenhang viel zu kurz greift und die ganze Dialektik solcher Eingriffe, wie eine zunehmende Schwächung des Immunsystems oder Resistenzerscheinungen bei den bekämpften Bakterien, außer acht läßt oder jedenfalls zu spät begreift und erst dann zusätzliche Zusammenhänge zu berücksichtigen versucht.

Helmholtz war Physiologe, doch er behandelte das Thema »Erhaltung der Kraft« weitaus kühler und abstrakter. Mit einer im Vergleich zu Mayer etwas eingeengten Konzeption und wegen der klaren, mathematisch untermauerten Formulierung auf der Basis der Newtonschen Mechanik konnte er, schreiben die Herausgeber des kürzlich erschienenen Reprints, dem Energieprinzip und der mechanischen Wärmetheorie zum Durchbruch verhelfen.

Vor die Aufgabe gestellt, die unbekannten Ursachen aus ihren sichtbaren Wirkungen zu finden, suche der Theoretiker, so nun Helmholtz, dieselben zu begreifen nach dem Grundsatz der Kausalität. Da die ganze Welt von Materie erfüllt sei, die aufeinander letztlich nur durch »Zentralkräfte« wirke, bestimme sich also endlich die Aufgabe der physikalischen Naturwissenschaften dahin,

> »die Naturerscheinungen zurückzuführen auf unveränderliche, anziehende und abstoßende Kräfte, deren Intensität von der Entfernung abhängt« [Helmholtz 1889, 6].

Auch Helmholtz mag nicht auf die Unmöglichkeit des Perpetuum mobile verzichten:

> »Wir gehen aus von der Annahme, das es unmöglich sei, durch irgend eine Combination von Naturkörpern bewegende Kraft fortdauernd aus nichts zu erschaffen. Anderenfalls würden wir ein Perpetuum mobile vor uns haben« [Helmholtz 1889, 7 f].

Der Leser seiner Schrift sieht sich nun mit einer mathematischen Abhandlung konfrontiert, die auf Seite 16 zu einer erstaunlichen Folgerung kommt: »Kommen dagegen in den Naturkörpern auch Kräfte vor, welche von der Zeit und Geschwindigkeit abhängen, oder nach anderen Richtungen wirken als der Verbindungslinie je zweier wirksamer materieller Punkte (..), so würden Zusammenstellungen solcher Körper möglich sein, in denen entweder in das Unendliche Kraft verloren geht, oder gewonnen wird« [Helmholtz 1889, 16]. (Damit befindet sich Helmholtz in einer Situation, die er im folgenden ausschließen möchte, die aber genau den Ausgangspunkt für eine Erforschung möglicher neuer Energieformen darstellt; vgl. das Kapitel 4, »Was ist Energie?«.)

Helmholtz hat mit diesem methodisch korrekt erzeugten Satz Schwierigkeiten, denn er macht im Anhang seines Buches eine Einschränkung, die suggerieren soll, daß es in der Natur eigentlich keine Körper gibt, die Kräfte auf andere Körper derart ausüben können, daß diese dann – in moderner Terminologie – entweder mit »Energie« vollgepumpt werden oder daß ihnen »Energie« abgezogen wird. Helmholtz' Schwierigkeiten sind verständlich, denn er propagiert eine Welt aus materiellen Punkten, die wechselseitig (Zentral-)Kräfte aufeinander ausüben und für einen konstanten Krafthaushalt sorgen. Wenn die Welt tatsächlich so wäre, bedeuteten Kräfte, die von der Zeit und von der Geschwindigkeit abhängen, einen »Absturz« dieser Welt in das Nichts oder das Chaos, denn ihr Krafthaushalt wäre nicht ausgeglichen und sie damit dem Einfluß »transzendenter Mächte« ausgesetzt, die nicht von dieser Helmholtzschen Welt wären.

Seine berühmte Arbeit ist ein schönes Beispiel, wie Wissenschaft zu ordentlich bleibt und den Übergang zu außerordentlichen Gedanken und damit in das nebelige Gebiet des Unerfaßten vermeidet. Für Helmholtz gilt ein »Princip der vollständigen Begreifbarkeit der Natur« [Helmholtz 1889, 53]. Daraus nun leitet sich für ihn das Spektrum der möglichen Wechselwirkungen zwischen den Körpern ab. Wechselwirkungen zuzulassen, die letztlich zu einer anhaltenden Störung im konstanten Krafthaushalt des betrachteten Systems führen, wäre gleichbedeutend mit der Aussicht, »die vollständige Lösung der naturwissenschaftlichen Aufgabe« fahren lassen zu müssen [ebd., 55]. Das »Prinzip der vollständigen Begreifbarkeit der Natur« führte also dazu, der Natur eine Struktur zu geben, die kein Informationsdefizit hinsichtlich der möglichen Ereignisse und ihrer Ursachen zuläßt. Es gibt nichts jenseits der materiellen Punkte und ihrer ausgeübten Kräfte, die nur von ihrer Lage abhängen dürfen, nicht aber z.B. von der Geschwindigkeit, was eine Beziehung zu dem »unterschiedlos leeren Raum« bedeutete und »nie Gegenstand einer möglichen Wahrnehmung« sein könne.

11. Die Sackgasse wird asphaltiert

Helmholtz verzichtet also darauf, sein Weltbild auf die Trennlinie von Gewißheit und Ungewißheit abzuklopfen, er will ausschließen, sich von der Natur überraschen zu lassen. Dabei liegen die Fragestellungen – gerade bei seinem methodischen Ansatz – auf der Hand. Lassen sich Systembedingungen realisieren, die zu einem einseitigen Übergang von Energie auf das System führen? Welche Energieformen spielen dabei eine Rolle? Sind es »neue« Energieformen? Die gesamte moderne Energietechnik beschäftigt sich mit solchen Energieformwandlungen, die Verwandlung von Wärme in Arbeit, von Kernenergie in Wärme, von Arbeit in elektrischen Strom und umgekehrt. Stets werden einseitige Energieströme von einer nutzlosen in eine brauchbare Form untersucht. Es sollte nicht als störend empfunden werden, wenn z.B. die Bilanz für mechanische Energie ständig positiv ist, und man vorderhand noch nicht weiß, auf Kosten welcher anderen Energieform das passiert. Der im Kapitel 7 geschilderte gedankliche Ansatz von Wolfgang Schmidt zur verzögerten Wechselwirkung materieller Teilchen kann als exemplarisch für diese folgenreiche Art der provozierten Ungewißheit angesehen werden. Die mathematische Struktur der Mechanik gibt es her, und es gibt keinen Grund, diese Wechselwirkungen für nichtexistent zu erklären, nur weil die »Ursache«, das andere Ende der Kette von Wechselwirkungen, nicht automatisch mit erhellt wird und ohne weitere systematische Untersuchungen auch im Dunkeln bleiben würde.

Mit der Formulierung des Energieerhaltungssatzes geht die Annahme einher, daß dieser Satz für die Erkennbarkeit der Welt notwendig sei:

> »Denn die Annahme des Gegenteils (..) würde eine geregelte Erfahrung unmöglich machen und den Sinn der Naturforschung selbst völlig aufheben« [Hickson 1900, 3].

Das ist ein ausgesprochen ehrlicher Satz, denn er spricht den Gewinn aus diesem Satz für den Menschen an. Er kann sich von nun ab sicher sein, die Kette von Ursache und Wirkung in beliebige Richtungen und beliebige Zeiten sofort und ohne Ungewißheit entlanghangeln zu können, denn Ursache und Wirkung sind stets weltlicher Natur:

> »Das Verhältnis zwischen Ursache und Wirkung kann daher nichts anderes als dasjenige der quantitativen Übereinstimmung sein; erst dadurch wird eine Wirkung vollkommen durch ihre Ursache bestimmt und diese als der zureichende Grund jener anzusehen sein« [3].

Indem nun Ursache und Wirkung überhaupt nichts anderes als verschiedene Erscheinungsformen eines und desselben Objektes bezeichneten, meinte Hickson, daß »der alte scholastische Streit über transeunte und immanente Kausalität« in sehr einfacher Weise geschlichtet sei.

Diese beiden Bezüge, »zureichender Grund« und »transeunte versus immanente Kausalität«, weichen hier so eklatant (und aufschlußreich) von ihrer überkommenen Bedeutung ab, daß es sich lohnt, einen Vergleich anzustellen. Man muß dazu wissen, daß – bis zu der betrachteten Zeit um die Jahrhundertwende – der Begriff »zureichender Grund« eine zentrale metaphysische Kategorie gewesen ist, geboren und ernährt von dem Staunen, daß die Dinge in der Welt Ordnungen und Bezüge aufweisen, die nicht zufällig sein können und für die auch innerhalb der Natur kein »zureichender Grund« zu entdecken wäre. Ich zitiere – vorgreifend – exemplarisch Leibniz, der meinte, daß der zureichende Grund für das Dasein der Dinge weder in ihrem gegenwärtigen noch in irgendeinem vergangenen Zustand gefunden werden könne.

> »Die Gründe der Welt liegen also in etwas Außerweltlichem, das von der Kette der Zustände oder der Reihe der Dinge, deren Ansammlung die Welt konstituiert, verschieden ist« [Leibniz 1982; 39 f].

Daß also der zureichende Grund für die Existenz der Welt nicht in ihr selber, sondern außerhalb liegen solle, verweist auf den Unterschied von transeunter und immanenter Kausalität: Es gibt für den Ablauf der »Dinge in der Welt« eine in ihr selber liegende, eine immanente Kausalität, der Grund für ihre Existenz an sich ist ein externer, der sich nur transeunt, also vorübergehend Geltung verschafft hat und vielleicht immer wieder verschaffen wird.

Die Frage nach dem »zureichenden Grund« hatte – jedenfalls bei Leibniz – eine moralische Dimension, denn die Welt, so mußte Leibniz feststellen, wäre nicht nur schön, es gebe in ihr die Übel, und wie sei die Koexistenz von Gutem und Üblem aus einem wohlwollenden Schöpfer als zureichender Grund zu erklären? Mit der Überlegung, daß nicht nur Gott, sondern auch der Mensch, kraft seines freien Willens und damit jenseits der immanenten Kausalität, in das Geschehen eingreifen könne, erhielt dieser Komplex auch noch eine politische Dimension. Bei Hickson hingegen (und nicht nur bei ihm) wird der Begriff des zureichenden »Grundes« eindimensional, er verliert jede ethische Färbung und verbreitet auch nicht mehr einen Hauch von politischer Brisanz. Das Geschehen innerhalb der Natur wird als selbstbezogen dargestellt, es hat seinen zureichenden Grund ausschließlich in seiner unmittelbar zurückliegenden Vergangenheit. Die Gesetzlichkeit verkommt zur Immanenz, die Unberechenbarkeit des Eingriffs erfährt seine Bändigung durch den achselzuckenden Verweis, daß alles seinen Ursprung im Vorangegangenen habe, welches, eben selber noch Wirkung, im nächsten Moment zur Ursache geworden ist.

Die Bemerkung über die Auflösung des nur scheinbaren Widerspruchs zwischen »immanenter und transeunter Kausalität« unterstreicht das noch. Hickson appelliert vor allem an den Konsens innerhalb der Wissenschaft, ohne einen Gott auskommen zu können, der für transeunte Kausalität steht. Soweit ist das ja auch zu akzeptieren. Aber die Konsequenzen seiner Bemerkung sind weitreichender. Auch der Mensch verschwindet von der Bühne der Natur. Er wird zum ausschließlichen Beobachter des Schauspiels und versichert seinem Sesselnachbarn, daß das Geschehen auf der Bühne notwendig so ablaufen müsse, es werde keine Unterbrechung geben, alles erkläre sich aus dem Vorangegangenen, die Besetzung sei komplett, die Rollen exakt einstudiert, das Spiel laufe ohne Pause bis in alle Ewigkeiten.

Die Ausreizung des Konzepts der Energieerhaltung wird auf die Entbindung des Menschen aus seiner Verantwortung für die Natur abzielen. Das ist das Thema des nächsten Kapitels.

12. Der Ausgang der Naturphilosophie

Fritz Mauthner schrieb 1923 in seinem »Wörterbuch der Philosophie«:

> »Unsere Zeit gleitet langsam auf die Bahn der Naturphilosophie zurück. Wir haben die Angst vor der verpönten Naturphilosophie verlernt. (..) Der lebhafteste und beste Vertreter der wieder zu Ehre gekommenen Naturphilosophie, Ostwald, lehrt in jedem seiner Bücher: die Natur wäre besser als bisher dadurch zu begreifen, daß man in den verschiedenen Energien die einzigen Ursachen des Weltgeschehens erblickte. Die neue Naturphilosophie ist Energetik« [Mauthner 1923, 407].

Wieso war Naturphilosophie – vor der Energetik – verpönt? Was ist »Naturphilosophie« überhaupt? Moderne Naturphilosophie hatte vor der »Energetik« eine weit zurückreichende Tradition. Und es läßt sich ein kontinuierliches Motiv erkennen. Es ging stets um zwei Aspekte von Natur. Was ist es, das die Natur organisiert, und: wie erkenne ich das? Daraus folgt unmittelbar die Frage: Was tue ich in der Welt und was »für sie«?

Immanuel Kant
(1724-1804)

Was nun Naturphilosophie für die Naturwissenschaftler so verpönt gemacht hatte, das war ihre sogenannte romantische Epoche in der ersten Hälfte des 19. Jahrhunderts, die die kritische Betrachtung Kants, inwieweit nämlich die vom Menschen veranstalteten Rekonstruktionen der Abläufe in der Natur von seinen Kategorien der Erkenntnis abhängen, zu überwinden versuchte: In einer »absoluten Identität von Ich und Welt, Subjekt und Objekt, Idealität und Realität, Geist und Natur« [Kaulbach 1984, 550]. Die Naturwissenschaftler des späten 19. Jahrhunderts wollten sich aber nicht mit der Natur als »Sein im Ganzen« identisch setzen, sondern in Distanz zu ihr. So eigenwillig die romantische Naturphilosophie auch gewesen sein mag, sie besaß einen Entwicklungsbegriff und verstand das Ineinswerden von Subjekt und Objekt als einen historischen Prozeß, der vom erkennenden Bewußtsein eine Beteiligung und Aktion verlangte.

Dieser Aspekt fiel nun völlig unter den Tisch, indem die Spannung zwischen »erkennendem Bewußtsein« und seinen Gegenständen durch die Übernahme mechanistischer Modelle in die Physiologie und Biologie zunehmend verwischt wurde. Emil Du Bois-Reymond kann als einer der härtesten Vertreter dieser neuen Linie gelten. Er schrieb in »Die sieben Welträthsel«:

Ernst Haeckel
(1834-1919)

»Der Zustand der ganzen Welt, auch eines menschlichen Gehirns, in jedem Augenblick ist die unbedingte mechanische Wirkung des Zustandes im vorhergehenden Augenblicke, und die unbedingte mechanische Ursache des Zustandes im nächstfolgenden Augenblicke« [86 f].

Die »wahre Naturphilosophie« sah er in der »objektiven Zergliederung der Erscheinungswelt«, wobei er die Tatsache, daß Bewußtsein existiert, selber als »Welträthsel« betrachtete. Dubois-Reymond wurde noch überboten von dem Biologen Ernst Haeckel, der dessen sieben Welträtsel auf eines reduzierte, das »Rätsel« der Erhaltung von Materie und Kraft, und zur Rolle des Menschen innerhalb des »Weltprozesses« folgendes vermerkte:

»Wir wissen jetzt, daß jeder Willens-Akt ebenso durch die Organisation des wollenden Individuums bestimmt und ebenso von den jeweiligen

Bedingungen der umgebenden Außenwelt abhängig ist wie jede andere Seelenthätigkeit« [Haeckel 1903, 55].

Dieser weithin zu beobachtende Konsens innerhalb der Naturwissenschaft wird von einer Geisteshaltung getragen, die der durchaus kritischen Tradition der Naturphilosophie trotzig entgegentritt. Die Gewißheit über die Gesetzmäßigkeit innerhalb der Natur wird durch die Reduzierung des zur Handlung fähigen reflexiven Bewußtseins auf ein nur noch erkennendes Bewußtsein erkauft. Formulierung des Energieerhaltungssatzes und neue Ausrichtung der Naturphilosophie gehen einher. Der Energiesatz scheint eine willkommene Argumentationshilfe in dem zu beobachtenden Prozeß des »Hinausstehens« des Menschen aus seiner Umwelt gewesen zu sein.

Diese Radikalposition der zurückliegenden Jahrhundertwende wird im Laufe der Zeit relativiert und die Frage nach der Freiheit des erkennenden Subjekts wieder virulent werden. Aber die erzielte Verbindung zwischen Kausalität, Energiesatz und einem »Prinzip der vollständigen Erkennbarkeit der Welt« bilden die Eckpfeiler für die im Laufe der Zeit neuangelegten Reflexionen moderner Naturphilosophie. Das läßt sich zum Beispiel an den Schriften Max Plancks zeigen.

Planck gehörte nicht nur zu den angesehensten Physikern des Kaiserreiches, der Weimarer Republik und des Dritten Reiches, er war auch ein vielgeladener Gast zu Vortragsveranstaltungen. Seine Ausführungen waren wohlüberlegt, selten humorvoll und stets daran ausgerichtet, daß die exakten Naturwissenschaften Richtschnur und Hauptargumentationslieferant bei allen metaphysischen Erörterungen zu sein hätten. Seine Stellung zur Außenwelt war eindeutig:

»Die Grundlage und die Vorbedingung jeder echten fruchtbringenden Wissenschaft ist die Hypothese (...) der Existenz einer selbständigen, von uns völlig unabhängigen Außenwelt« [Planck 1975, 153].

Mit dieser Hypothese verknüpfe die Wissenschaft nun sogleich die Frage nach der Kausalität, das heißt nach der Gesetzlichkeit im Weltgeschehen. Für Planck war Kausalität innerhalb der Natur »transzendental«, d.h. »ganz unabhängig von der Beschaffenheit des forschenden Geistes« [161]. Aber: Sie beziehe den forschenden Geist mit ein. Dieser sei in den gesetzmäßigen Weltprozeß vollständig eingebunden. Wie stünde es dann aber, fragt Planck angelegentlich eines Vortrages über »Kausalgesetz und Willensfreiheit«, mit dem freien Willen? »ist denn für diesen neben der allumfassenden Kausalität überhaupt noch Platz vorhanden?« [162]

Er habe Platz, oder vielmehr: es erscheine uns so, weil der forschende Geist unvollkommen sei. Das menschliche Bewußtsein sei nicht in der Lage, die Bedingungen und Gründe seines Denkens und Handelns zu ergründen. Aus dieser Lücke in der Erkenntnis ergebe sich die Notwendigkeit zum sittlichen Handeln, der Ethik also. Gleichwohl ließe sich denken und sei vielleicht nicht einmal unwahrscheinlich, daß in späteren Epochen Wesen vorkommen mögen, deren Intelligenz so hoch über der unsrigen stünde, daß vor dem scharfen Auge eines solchen Geistes auch

»die schöpferischen Leistungen unserer Geistesheroen sich ebenso festen, unwandelbaren Gesetzen untertan erweisen würden wie vor dem Fernrohr der Astronomen unserer Tage die vielfältigen Bewegungen am gestirnten Himmel« [161].

Unausgesprochen bleibt damit die programmatische Forderung, daß der sichere Fortschritt der exakten Wissenschaften auf allen Gebieten der Natur, von der Physik bis zur Physiologie, diesen Zustand anzustreben habe und die menschliche Natur auch erkenntnismäßig in den Reigen der kausal bedingten Naturabläufe unterstellen werde.

Planck sah als Bedingung für eine Einheit des physikalischen Weltbildes dessen vollständige Loslösung von der Individualität des bildenden Geistes [49]. Schon unser gegenwärtiges Weltbild enthalte gewisse Züge, welche durch keine Revolution, weder in der Natur noch im menschlichen Geiste, je mehrverwischt werden könnten:

12. Der Ausgang der Naturphilosophie

»Oder gibt es zum Beispiel heute wirklich noch einen ernstzunehmenden Physiker, der an der Realität des Energieprinzips zweifelt? Eher umgekehrt, man macht die Anerkennung dieser Realität zu einer Vorbedingung bei der wissenschaftlichen Wertschätzung« [49].

Der Energiesatz stellt für Planck eine Art Klammer zwischen den Einzelgebieten der Naturwissenschaften dar und kommt ohne anthropomorphe Elemente aus. Wer sich seiner bedient, kann sicher sein, die Natur zu meinen, ohne das Bild von der Natur mit eigenen Ansichten, Vorurteilen und Wünschen zu belasten. Das physikalische Weltbild sei keine mehr oder minder willkürliche Schöpfung unseres Geistes, sondern spiegele von uns ganz unabhängige Naturvorgänge wider [47].

Plancks »Weltbild« erscheint bei weitem nicht so dogmatisch und fatalistisch wie das der meisten Wissenschaftler der vorhergehenden Generation. Und dennoch ist es bestimmt von der Vorstellung einer unumgänglichen Faktizität und Determination der Außenwelt, ein Umstand, der sich, wenn er auch jetzt noch nicht völlig aufgedeckt ist, in absehbarer Zukunft notwendigerweise herausstellen wird. Überraschungen kann es nicht mehr geben. Die Grundlage für ein einheitliches Weltbild ist gelegt und keine Revolution wird diese mehr umstoßen können. Der Prozeß der Wissenschaft ist damit auf das Schließen von Lücken ausgerichtet, und wird – das spricht Planck allerdings nicht aus – den Freiraum des Menschen einengen. Aus dem politischen Subjekt wird ein nur noch erkennendes werden.

Es liegt auf der Hand, als Hauptkonsequenz von Plancks Naturphilosophie die tendenzielle Unwichtigkeit der Selbstbestimmung des Menschen zu bezeichnen. Im Grunde ist das gar nicht so neu, denn Naturphilosophie war noch ihre längste Zeit damit beschäftigt gewesen, den zureichenden Grund für das Sosein der Welt aus transzendenten Prinzipien und nicht aus den Händen der Menschen fließen zu sehen. Aber selbst das Fragen nach den »metaphysischen Gründen« birgt eine Brisanz, denn sie kommt letztlich auch auf den Menschen zu sprechen: Die »metaphysischen Wahrheiten« nicht zu kennen, bedeutet, die eigene Rolle nicht zu kennen – solange man sich als Bestandteil der Natur versteht. Natürlich verweist der Begriff der »metaphysischen Wahrheit« auf eine Fremdbestimmung. Anthropomorph ausgedrückt: Wer hat diese bestimmt? Wenn diese anthropomorphe Verkleidung beiseite gelegt wird, bleibt aber immer noch die Frage nach der eigenen Rolle in der Natur übrig. Es geht hier nicht um Antworten, sondern nur um die deutliche Tendenz, daß die moderne Wissenschaft dieser Frage aus dem Wege geht.

> »In früheren Zeiten glaubten die Philosophen, daß es eine Metaphysik der Natur gebe, ein tieferes und grundlegenderes Wissensgebiet als irgendeine empirische Wissenschaft. Die Aufgabe des Philosophen war es, die metaphysischen Wahrheiten zu erklären. Die heutigen Wissenschaftstheoretiker glauben nicht an eine solche Metaphysik. Die alte Naturphilosophie wurde durch die Philosophie der Naturwissenschaften ersetzt« [Carnap 1976, 187].

Die neuere Philosophie richte ihre Aufmerksamkeit auf die Wissenschaft selbst, indem sie die verwendeten Begriffe und Methoden, die möglichen Resultate, die Aussageformen und die Arten von Logik, die man verwenden kann, untersucht [Carnap 1976, 187]. Kurz gesagt: Die Naturphilosophie ist aus ihrem permanenten Keimstadium, eine Bestimmung der Rolle des Menschen innerhalb der Natur geben zu können, herausgetreten und zum Rechtfertigungsinstrument geworden, wie solcherart Fragen von einem fernzuhalten sind: Die Absicherung der Methode, wie die Natur als das, was sie ist (und bleiben wird), richtig zu beschreiben ist. Die Massigkeit des Bildes bedingt die geistige Viskosität hinsichtlich der Frage, was für den Menschen zu tun übrig bleibt. Kommen wir zu einer Zwischenthese: Eine Naturwissenschaft ohne Naturphilosophie verweigert den Zugang zur Reflexion des eigenen Handelns.

Offenbar eignete sich der Energieerhaltungssatz als vorzügliches Schmiermittel für diesen Akt der Verweigerung. Er stellte ein vereinheitlichtes Weltbild unter Einbeziehung der Physis des Menschen in Aussicht. »Energetik« als Naturphilosophie, wie es Mauthner angeboten hat, verlagert jedweden »zureichenden Grund« von einer immerhin denkmöglichen transeunten Sphäre – nämlich der des Menschen – in die immanente. Der Energiesatz ist also bare Münze, mit der diese Immanenz und als Konsequenz: die Heraushaltung des »eingreifenden« Menschen aus dem Naturablauf, erkauft werden kann.

Um diese Transeuns zurückzugewinnen, könnte man auf jenen Agnostizismus zurückkommen, der mit »außerordentlicher Wissenschaft« in Verbindung steht. Was gibt es noch zu entdecken jenseits des Weltbildes, aber durchaus innerhalb der zur Verfügung stehenden Konzepte? Mit dieser Öffnung ist vornehmlich die Frage verbunden: Was willst Du eigentlich erreichen? Bezogen auf den Energieerhaltungssatz und den Entropiesatz liegt die Antwort eigentlich auf der Hand. Gibt es Möglichkeiten der Energiebereitstellung, die auf die herkömmlichen Formen der Vernichtung von Primärenergieträgern mit ihren absoluten Unverträglichkeiten gegenüber den natürlichen Energieumwandlungsprozessen verzichten? Gibt es Energieformen, die wir nicht kennen, aber in nützliche Energieformen umwandeln können? Gibt es intelligente Konzepte, die mehr sind als Naturnachahmung? Gibt es intelligente Konzepte, die uns in die Lage versetzen, die überaus effizienten Energiekreisläufe, die uns die Natur vormacht, zu simulieren?

Normalerweise wird sich kein Naturwissenschaftler gegen derlei ethische Überlegungen sperren, sondern sie als persönliches Selbstverständnis und Handlungsmaxime ausgeben. Der Sinn dieses Buches besteht auch nicht darin, das zu bezweifeln, sondern aufzuzeigen, daß die dennoch faktisch gegebene Selbstbeschränkung in der Zielsetzung und den Handlungen auch aus einer ideologischen Belastung von naturwissenschaftlichen Konzepten rührt, die aufzudecken sogar eine Naturphilosophie in der Lage wäre, die sich als Ziel gesetzt hat, lediglich die Methoden des naturwissenschaftlichen Denkens zu reflektieren und zu rechtfertigen.

Ein Musterbeispiel für eine von unzureichendem Verständnis der Hauptsätze der Thermodynamik unterminierte Ethik gibt Klaus

Knizia, Autor zahlreicher Schriften zur Energiefrage und früherer Vorstandsvorsitzender eines Energieversorgungsunternehmens. Er plädiert für eine naturwissenschaftliche Basis moralischer Zielsetzung, um »rechtes Handeln« gegenüber der Natur möglich zu machen. Moralische Zielsetzung müsse sich werten lassen können, und eine solche Wertungsmöglichkeit sei mit den Hauptsätzen der Thermodynamik seit Robert Mayer und Rudolf Clausius gegeben. Knizia beweist nun, daß die Entwicklung der »sanften Energien« mit ihrem vergleichsweise hohen Rohstoffverbauch ein Irrweg ist. Hoher Rohstoffverbrauch bedeute zugleich einen hohen Exergieverbrauch, und beschleunige damit die irreversible Degradierung der von der Erde in Jahrmillionen aufgebauten Vorräte. Die einzige Energiequelle, die diesen Nachteil nicht habe, sei die »entsprechend der Einsteinschen Masse-Energie-Äquivalenz aus der Kernspaltung oder der Kernfusion stammende.« Das alles lehrten uns die beiden Hauptsätze der Thermodynamik, wie sie uns lehrten, daß Perpetua mobilia nicht möglich seien [Knizia 1986, 96]. Es sei die Aufgabe des Ingenieurs,

> »die ethischen Imperative und naturwissenschaftlichen Gesetze zu einem Denkgebäude zu verknüpfen, das der Energietechnik ermöglicht, auch zukünftig tätig zu sein für ein Leben in Würde für alle Menschen und damit für ein friedliches Leben« [ebd., 105].

Diese Ausführungen sind Knizias Buch »Das Gesetz des Geschehens« entnommen, das immer wieder auf den schon in diesem Buchtitel angedeuteten Degradationsaspekt des 2. Hauptsatzes als Mittel der Beweisführung und Argumentation zurückgreift. Worüber sich Knizia keine Gedanken macht, ist die Tatsache, daß nach diesem »Gesetz des Geschehens« sich spätere Generationen mit tödlicher Sicherheit mit den zerstreuten, »degradierten« Abbränden der Atommeiler auseinandersetzen müssen und niemand die Frage beantworten kann, welche Mengen an Exergie nun eingesetzt werden müssen, um diesen Spätfolgen ethischer Handlungsweise des 20. Jahrhunderts beizukommen. Aber diese Kritik ist nicht Thema des Buches. Thema ist vielmehr das

Phänomen, wie hier Ethik gewissermaßen freudig gerinnt und kein Gedanke daran verschwendet wird, wie tragfähig denn die verwendeten Fundamente überhaupt sind. Deutlich wird, daß sich Ethik fast schon logisch ableiten läßt, daß sie sich aus dem schauderhaft kleinen Rest von Möglichkeiten (für den Fachmann erkennbar) wie von alleine ergibt. Oder macht etwa der Blick auf das weite Feld noch nicht ausgeloteter Möglichkeiten schaudern?

13. Teufeleien

Die Etablierung des Energieerhaltungssatzes hat die Schleusen für eine Flut von Naturbetrachtungen geöffnet, die eine absolute Determinierung des Naturgeschehens unter Einschluß des Menschens ausmalten. In gewisser Weise bedeutet das die (Selbst)Entmündigung des Menschen. Indem er sich einem vermeintlichen Zwang unterworfen sieht, begibt er sich der Freiheiten, die ohne Zwang bestehen würden. Nun heißt das keineswegs, daß jemand, der Determinist zu sein vorgibt, sich des Rechtes auf Meinungsäußerung, Willensbildung und Entscheidungsfreiheit begeben möchte. In sozialer Hinsicht wird er sich als »freies Wesen« definieren und nach Möglichkeit auch so verhalten. Die Naturphilosophie der Energetik ist also eher nur ein Kunstgriff, vielleicht das Spiel mit einem Wunschtraum, nicht verantwortlich zu sein, nicht zur Verantwortung gezogen werden zu können.

Im Kapitel 3 haben wir versucht, die Tragfähigkeit des Satzes vom ausgeschlossenen Perpetuum mobile gegen seine ideologische Überfrachtung abzugrenzen. Dieser Satz vertritt eine vernünftige Einschätzung, solange es um die Behauptung eines »Maschinisten« geht, er hätte eine Maschine, die mehr Energie abgibt als aufnimmt, wisse aber nicht, warum das so sei. Die Tücke des technischen Objektes ist es im allgemeinen, daß man seine Funktion genau kennen muß, ehe man es bauen kann. Und daß jemand durch Zufall einen Grundlageneffekt maschinentechnisch zu nutzen versteht, ohne diesen studiert und in seiner Anwendung optimiert (und damit verstanden) zu haben, ist hochgradig unwahrscheinlich (bzw. Scharlatanerie). In dieser Hinsicht ist der Satz also in Ordnung. Nur: Damit bezieht sich der Satz auf ein soziologisches oder sogar psychologisches Terrain. Er gibt die Einschätzungshilfe gegenüber voreiligen Bastlern. Das hat mit Wissenschaft noch nichts zu tun.

Wissenschaft fängt bei den Konzepten an, mit denen Energieformwandlungen beschrieben und (ich wiederhole mich) neuen und nutzbaren Energieformen auf die Spur gekommen wird. Womöglich ist der Satz vom ausgeschlossenen Perpetuum mobile ein Relikt naturphilosophischer Art, denn er befördert nicht die Wissenschaft, sondern hat wie schon gesagt eine soziologische und psychologische Ebene und bietet eine Möglichkeit zur Abgrenzung. Fangen wir also an zu spekulieren, indem wir diese Feststellung einmal ernst nehmen.

Der Satz richtet sich gegen eine Vorrichtung, die per definitionem nicht durchschaut werden kann, und (deshalb) Wirkungen unvorhersehbarer Art mit sich bringt. Es geht dabei um ein Aggregat, das nur von einem intelligenten Wesen hervorgebracht werden konnte. Zusammengefaßt: Dahinter steckt ein intelligentes Wesen, das diese Maschine ersinnen und bauen konnte, dessen Auswirkungen jenseits normaler Erscheinungen liegen können, unkalkulierbar sind und damit hochgradig unsicher, kurz: sehr bedrohlich erscheinen. Man verspürt gewissermaßen schon den Schwefelgeruch des Teufels. Und so weit hergeholt ist das nicht. Viele Autoren bedienen sich hemmungslos der Teufelsmetaphorik im Zusammenhang mit dem Perpetuum mobile, freilich ohne sich dessen bewußt zu sein.

Stanislav Michal veröffentlichte im VDI-Verlag ein Buch über das Perpetuum mobile, in dem zwar Sachlichkeit angesagt zu sein scheint, besagte Metaphorik aber Urstände feiern darf:

»Die Idee der selbstbewegenden Maschine erlebte Zeiten der Blüte und des Verfalls, um später als unseliges Überbleibsel des menschlichen Herumirrens in der langen komplizierten Geschichte der Entwicklung der Technik ad acta gelegt zu werden« [Michal 1981, 1].

Seligkeit bedeutet Heil in der Erlösung durch Aufnahme ins Paradies zur ewigen und unmittelbaren Anschauung Gottes. Den Unseligen ist dies verwehrt worden, sie sind das Opfer des Teufels. Eine Kapitelüberschrift in demselben Buch heißt: »Energiegesetze: Fall des Perpetuum mobile«. Es gibt einen berühmten Fall, nämlich den des Lichtengels Luzifer, der fortan als Teufel den Widersacher des guten Prinzips abgab. Es sollte auch nicht unerwähnt bleiben, daß der hier schon so oft zitierte Planck den Energieerhaltungssatz (in seiner Jugend), wie er schrieb, als »Heilsbotschaft« empfing [Planck 1975, 1].

In der Zeit des kalten Krieges veröffentlichte Dieter Friede ein Buch mit dem Titel »Das Russische Perpetuum mobile« [1959]. Die Russen verkörpern eine teuflische Macht, den »Fluch der Welt«, dem diese unterliegen müsse, wenn das Rätsel der russischen Sphinx nicht gelöst werden kann. Über der Welt hänge

> »die Drohung der russischen Unruhe. (..) Das russische Perpetuum mobile kommt nicht zum Halten. Es läuft und läuft und nimmt und nimmt. (..) An allen Ecken ist es tätig, hektisch und aktiv «

Der Teufel ist eine außerirdische Macht, folglich hat auch der Gedanke des Perpetuum mobile »eine merkwürdig transzendente Färbung« [Ichak 1914, 36]. Das Perpetuum mobile erscheint in einem Akt der Verblendung, niemand kann hinter den Vorhang schauen, aber alle wissen, daß hier der Teufel am Werke ist. Die Metaphorik geht dann auch so weit, daß das Perpetuum mobile als eine Vorrichtung hingestellt wird, die den Kosmos bedroht: Ein Perpetuum mobile wäre fähig, schrieb Sadi Carnot 1824, in unbegrenzter Menge bewegende Kraft zu schaffen, fähig, sämtliche Körper, wenn sie sich in Ruhe befänden, nacheinander in Bewegung zu setzen und das Prinzip der Trägheit zu vernichten, fähig endlich

> »aus sich selbst die Kraft zu schöpfen, um das ganze Weltall in Bewegung zu setzen, darin zu unterhalten und unausgesetzt zu beschleunigen« [Carnot 1909, 14].

Der Gegenspieler – auch auf der metaphorischen Ebene –, ist der Energiesatz:

> »Wir alle stehen unter dem Schutz des Energieerhaltungssatzes«,

beruhigte Felix Auerbach die Leser seines damals viel gelesenen Buches »Die Weltherrin und ihr Schatten« [1902, 2]. Der Energiesatz sichert die Kausalität der Naturvorgänge offenbar dadurch, daß er »außerphysikalische Eingriffe« [Radakovic 1913, 50] unmöglich macht. Der Energiesatz ist ein Mittel der Teufelsaustreibung, denn er schließt transzendente Eingriffe aus.

Während das Perpetuum mobile über lange Zeit ein dogmatisch motiviertes Lieblingskind der Amtskirche gewesen sei, so Thomas Kernert 1985 im Bayrischen Rundfunk, rieche heutzutage dieser Traum »verdächtig nach Blasphemie, nach Anmaßung einer Rolle, wie sie ausschließlich einem göttlichen Wesen zukommt« [Kernert 1985, 39f]. Blasphemie ist Gotteslästerung und der Gotteslästerer gehört dem Teufel.

Nun wäre doch zu fragen, warum es in der Auseinandersetzung mit dem Perpetuum mobile diese Ebene gibt, in der Heil und Unheil, Seligkeit und Unseligkeit, letztlich Gott und Teufel, oder Gut und Böse gegenübergestellt werden? Eingangs des Kapitels hieß es, daß die ideologische Überlastung des Energiesatzes zu einer Art der Entmündigung führe, weil die Einführung eines absoluten Determinismus den Menschen letztlich davon entlaste, sich als »wirkendes Prinzip« innerhalb seiner Welt zu verstehen. Es kommt hier noch eine weitere Facette der Entlastung hinzu: Weil das Perpetuum mobile wegen seines bedrohlichen Flairs indiskutabel ist, muß der Wissenschaftler sich an das ihm entgegenstehende Prinzip halten, den Energiesatz; jedes Hantieren und Experimentieren mit diesem Satz birgt die Gefahr, die Natur aus dem Käfig des Determinismus zu entlassen. Indem der Wissenschaftler sich also streng an die Gesetzlichkeit hält, kann er keinen Vorwurf auf sich ziehen, daß er – mit dem Teufel im Bunde – der Welt Unheil bringe.

Es gibt also zweierlei Gewinn zu verbuchen: Einmal der Determinismus; er unterspült das (mit Zweifeln und Unsicherheiten belastete) Selbstverständnis als handelndes Subjekt und schiebt den so Geplagten in den sicheren Turm des reinen Zuschauers. Dann ist da noch der permanente Druck, die Natur innerhalb bestehender Gesetze zu beschreiben, um sich nicht dem Vorwurf auszusetzen, einen Ausbruch der Natur provoziert zu haben. Die zweite Folgerung klingt vielleicht etwas abwegig, aber eine Untersuchung der – meist sehr emotionalen – Reaktionen auf theoretische Neuerer zeigt, daß sich hier genau dieses Vorwurfs bedient wird, nämlich jener Neuerer entlasse »die mühsam gebändigte Natur aus den Stallungen heroisch errichteter Kosmologien« [Blöss 1987, 10] und nehme damit eine Bedrohung der menschlichen Lebenssphäre in Kauf.

Die Metapher von der Welt als Perpetuum mobile wurde hinfällig, weil sich mit ihr wegen des sehr populären Wärmetod-Szenarios keine Sicherheitsgarantien mehr verbinden ließen. Darüber hinaus läßt sich auch die neu gewonnene Attraktivität des teuflischen Aspekts des Perptuum mobile verstehen. Er bildet einen Riegel gegen alle Versuche, den absolut gesetzmäßigen Naturverlauf soweit aufzubrechen, daß innerhalb des Elfenbeinturms der Naturwissenschaften die Frage nach offenen Möglichkeiten und damit auch die nach den Folgen (und Zielen) des eigenen Handelns gestellt werden kann.

Der Satz von dem »Aufbrechen des absolut gesetzmäßigen Naturverlaufs« ist in seiner Wortwahl viel zu sehr von den Verhältnissen diktiert, die hier analysiert und diskutiert werden. Es geht nicht um ein »Aufbrechen«, sondern um die Einsicht, Natur gar nicht zu haben. Selbst ein so »ehernes Gesetz« wie der Energiesatz zeigt fast von alleine die Kenntnislücken an, die sich bei entsprechender Forschung auftun können. »Lücken« werden erst zukünftig gefüllt (allenfalls), und die Art und Weise des Füllens ist mit der Frage verbunden: »Wozu«, »Womit« und vielleicht sogar: »Warum überhaupt?« Die einseitige Interpretation des Energiesatzes als Weltgesetz sperrt diese Dimension aus. Ist dieser Stand der Dinge der Endpunkt einer Entwicklung? War es »früher« anders? Genauer gefragt, war Wissenschaft früher ethisch und die damit verbundenen Ansprüche zu belastend, so daß Ethik abgeschüttelt werden mußte? Für diese Fragen ergeben sich einige Antworten, wenn der Wandel des Verständnisses vom Perpetuum mobile etwas genauer betrachtet wird.

14. Die Sehnsucht nach der Unbelangbarkeit

Die Feststellung, daß das Perpetuum mobile früher den diffizilen Mechanismus der Weltmaschine bezeichnete, ist nicht neu. Obwohl sich dieses Bild vorzüglich zu einer atheistischen Interpretation zu eignen scheint, war sie exklusiv theistisch. Das muß erst einmal verstanden werden.

»Maschine« ist ohne ihren Erfinder nicht denkbar. Natur als Maschine ist erdacht und gemacht. Von daher ist die theistische Verbindung ganz natürlich. Mit der Einführung der Maschinenmetapher wurde ein Keim des Mißtrauens gegen den Inventor gelegt, was sich aus der auch im Mittelalter virulenten antiken und spätantiken Bedeutung der Begriffe Maschine und Technik ersehen läßt. Technik ist Machinatio, also »listiges Mittel«, mit der Ableitung aus dem griechischen »ich ersinne eine List« [vgl. Klemm 1954, 11]. Maschine hat als Begriff ein doppeltes Gesicht:

> »Einmal zeigt sie sich als technisches, sinnenfälliges Gebilde«, dann gibt es aber auch die Möglichkeit der Täuschung: »Verdeckt der Effekt die Bewegung, ist die Maschine ein Täuschungsinstrument« [Schmidt-Biggemann 1984, 790].

Die Welt als Perpetuum mobile verlangt nach einem wohlgesonnenen Schöpfer. Sobald dieses Vertrauen schwindet, ist die Metapher so nicht mehr zu gebrauchen. Sie eignet sich, wenn der Aspekt der Täuschung durchschlägt, zur Bezeichnung des teuflischen Einflusses. Beidseitiger Gebrauch findet sich bei Jean Paul, er sieht sowohl Gott als auch den Teufel als Perpetuum-mobile-Bauer. In einem Fragment stellte er die Frage, ob die Welt ein Perpetuum mobile sei, und führt dann die Gründe aus, die ihn veranlassen, diese Frage zu bejahen.

> »Got hat die Kräfte der Bewegung geschaffen; und, wenn man wil, ihnen die erste Anreizung gegeben. Eben diesen Kräften nun braucht er iezt nicht mehr einen Stoß zu geben - er braucht sie nur fortdauern zu lassen.«

Gegen den Einwand, daß diese Kräfte der Bewegung auf Dauer schwinden werden, entwickelt er eine Art Krafterhaltungssatz, denn da das Zunehmen und Abnehmen der Kräfte einander gleich bleibt, »so müssen sie in Ewigkeit dieselben sein« [Jean Paul 1928, 37 f]. Über den Krieg schreibt er (obwohl gegen den Krieg schreiben nur soviel bedeute, als in Büchern harte Winter rügen), daß er die Geschichtskapitel fülle, wogegen der Friede nur einige Noten setze.

»Seit der Schöpfungsgeschichte treibt dies wahre Perpetuum mobile des Teufels die Vernichtungsgeschichte fort [ders. o.J., 959].

Die Kriegsmaschinerie ist ein rätselhafter, bedrohlicher und scheinbar unerklärlicher Vorgang und wird wegen ihrer fürchterlichen Folgen dem Teufel angelastet (wenn auch nur metaphorisch).

Aus der Verwendung der Maschinenmetapher ergeben sich mehrere Assoziationsstränge. Der erste: Etwas weniger Vollkommenes war dem Gott als Schöpfer der Welt nicht zuzutrauen. Der zweite: Die Vorstellung von der Welt als Maschine war vorzüglich geeignet, Eingriffe von »außen« unnötig zu machen, zugleich aber auch dazu, diese schadlos perhorreszieren zu können. Mit anderen Worten, die Maschinenmetapher implizierte eine Autonomieerklärung und gab das Stichwort für die Beschreibung der Gefährdungen für die Weltmaschine. Etwas Drittes kommt hinzu. Von Anfang an wurde das Verhältnis von Mensch und Weltmaschine als das zentrale Problem angesehen. Wie weit war er in sie integriert, wieviel blieb ihm angesichts der Naturgesetzlichkeit zu tun offen. Solange Gott im Hintergrund als der wahre Grund für die Existenz und den Bestand der Welt galt, konnte das Ziel der Entwicklung in der Natur unabhängig vom Menschen diskutiert werden. Seine Freiheit war begrenzt und in Ansehung der Vorherbestimmtheit des Weltprozesses schwer zu definieren. Diese Freiheit war auch nicht notwendig mit einem Rechtfertigungszwang gekoppelt, was die Erreichung des Entwicklungszieles betraf.

Diese Art der Naturbeschreibung kann noch nicht als »modern« bezeichnet werden. Es sind aber die Keime angelegt, die die moderne

Naturauffassung ausmachen werden, wobei als wichtigstes Merkmal die Auffassung gelten kann, daß die Menschheitsgeschichte von der Menschheit selbst bestimmt wird, ohne daß es historische Determinanten gibt, die von einem transzendenten Wesen stammen. Ohne weiteres werden wir einsehen, daß sich die Einsicht in diese (immer noch mit Leben zu erfüllende) Freiheit nur durchsetzen konnte, indem das verbindliche Weltbild von der vorherbestimmten Geschichte mit ihrem Ende durch das Weltgericht durch eine vom Menschen zu erfüllende Utopie ersetzt wurde. Die Maschinenmetapher gehörte zum Argumentationskatalog der »Neuerer«, aber sie barg zugleich einen wesentlichen Fallstrick. Die Welt als Maschine brauchte zu ihrem Erhalt kein transzendentes Prinzip, doch worin liegt in der Maschine die Freiheit? So gesehen, ist diese Metapher sowohl progressiv als auch in erheblichem Maße konservativ. Sie verlagert die Determinanten von einem Wesen auf ein Prinzip.

Die extreme Gottesvorstellung (hinsichtlich der Vorausbestimmung bzw. »Vorsehung« des Geschichtsverlaufes) und die absolute Maschinenmetapher beinhalten also die gleiche Konsequenz: Die Entlastung des Menschen von der Wahrnehmung seiner Freiheit. Ein Aufweichen der Maschinenmetapher ohne Gottesvorstellung belastet den Menschen allerdings sofort mit dieser Frage.

Maschinenmetapher und Gottesvorstellung weisen eine weitere Parallelität auf. Nicht nur in der erreichbaren Selbstentlastung, sondern auch hinsichtlich einer »Vorsehung«. Unter einer Gottesregentschaft liegt die Vorsehung nur bei ihm. Fragen des Geschichtsverlaufes seitens der Menschen richteten sich nicht auf die Stationen bis zum Ende, auch nicht darauf, was diese Stationen für den Menschen bedeuteten oder bewirkten oder ob sie sogar Einfluß auf diese hätten, sondern auf das Ende selber. Denn das Ende war der Zweck der Weltveranstaltung, in dem sich Heil und Unheil erfüllen würden. »Vorsehung« war das Lenken des Weltgeschehens durch Gott auf dieses Ende hin. Moderne Vorsehung ist anders, denn sie wird vom Menschen selber betrieben. Sie ist Theorie und hat zu beschreiben, daß dem

Menschen seitens der Natur keine Gefahr drohen wird. Auch der Kern des Energieerhaltungssatzes, der Ausschluß des teuflischen Perpetuum mobile, ist dem Wesen nach moderne Vorsehung (und zwar mit einem erstaunlich religiösen Einschlag).

Daß etwa Leibniz das »Prinzip Gott« als ersten Grund für die Existenz der Welt angesichts der Übel in ihr rechtfertigte, zeigt schon alle kommenden Komplikationen an. Ihm geht es noch um Gott, aber die Lanzen, die er für ihn bricht, zielen eigentlich auf den Menschen. Es geht nicht mehr um das »Ende« (das zu erreichen alle Mittel und Zustände rechtfertigen würde), sondern um den Ist-Zustand und um die Frage, ob der Mensch (und nicht mehr Gott) sich davor verantworten kann oder nicht. Die extreme Maschinenmetapher gehört dann zum Inventar des Heraustehlens aus dieser Frage.

Autoren, die wir zu den modernen zählen, lassen sich auch danach untersuchen, ob sie die Stichworte für die Selbstverantwortung des Menschen geliefert und inwieweit sie speziell die Maschinenmetapher ausgereizt haben, um diese Verantwortung abzuweisen. Dabei ist das Perpetuum mobile vorerst als Synonym für »Weltmaschine« zu nehmen.

Zu den allerersten Propagandisten der Maschinenvorstellung zählt René Descartes, der weidlich ausgeschlachtete Präformierer der suspekt gewordenen modernen Epoche. Welche Stichworte hat er versammelt? Zu diesen gehört vor allem seine Unterscheidung von »res extensa« und »res cogitans«, wobei erstere nur ausgedehnt ist und nicht denkt, zweitere hingegen denkt (und deshalb nur dem Menschen eignet), aber keine Ausdehnung besitzt. Die res extensa funktioniert als Maschine, ausschließlich zusammengesetzt aus sich »naturgesetzlich« bewegenden Materieteilchen [Descartes 1965, 49]. Diese Naturgesetze sind nur die zweiten und besonderen Ursachen der verschiedenen Bewegungen, die allgemeine und ursprüngliche Ursache sei hingegen in Gott zu suchen, der die Materie zugleich mit der Bewegung und Ruhe im Anfang so erschaffen habe, daß die Menge der Bewegung »sehr wohl in der ganzen Welt die gleiche bleiben kann«, was

14. Die Sehnsucht nach der Unbelangbarkeit

aus der Vollkommenheit Gottes auch zu erwarten sei, denn er, der »an sich selber unveränderlich« sei, werde auch auf die möglichst feste und unveränderliche Weise wirken.

Descartes »res extensa« ist tatsächlich eine einzige und große Maschine, die aber nicht aus sich selber bestehen kann, sondern deren gesamte Bewegungsmenge von Gott in jedem Augenblick erhalten wird [ebd., 49]. Die Welt ist kein echtes Perpetuum mobile. Dennoch scheint sie alle Eigenschaften zu besitzen, um das wesentliche des Menschen, die »res cogitans«, aus ihr herauszuhalten, denn der »Weltautomat genügt sich in seiner technischen Schönheit selbst« [Schmidt-Biggemann 1975, 42]. Er integriert auch noch die »Körpermaschine des Menschen«, die insofern eine Sonderstellung in der res extensa besitzt, als sie schließlich in irgendeiner Weise mit der res cogitans kommunizieren und wechselwirken muß.

Doch Descartes hatte etwas ganz anderes im Sinn: Zwar sei in Gott eine so große Macht wahrzunehmen, daß es unrecht wäre, vorauszusetzen, daß überhaupt etwas in uns geschehen könne, was er nicht vorherbestimmt hätte. Doch könne man sich hier leicht in große Schwierigkeiten verwickeln, wenn man versuche, diese Vorherbestimmung Gottes mit der Freiheit unserer Willkür zu vereinigen und beide zugleich zu begreifen [Descartes 1965, 14]. Nun sagt er nicht (wie es z.B. Planck ganz klar formuliert hatte), daß es unsere Unwissenheit von dem Ablauf der Dinge sei, die auch unsere Freiheit ausmache, sondern er sagt sehr subtil: Wir begriffen die Macht Gottes viel zu wenig, »um zu verstehen, inwiefern sie die freien Handlungen der Menschen unbestimmt läßt« [ebd., 14]. Und die Macht, die ein Mensch über andere hat, ist zu dem Zwecke da, daß er sie zur Verhinderung des Bösen gebrauche [ebd., 13].

Hier wird, wenn auch in ziemlich dunklen Worten (denn was verbirgt sich hinter dem »Bösen«?), der moderne Ballast des Menschen angesprochen: Er und nicht mehr Gott oder der Teufel hat die »Macht« über das »Böse«. Er hat sich in Zukunft angesichts der »Übel in der Welt« zu rechtfertigen. Die modernen Descartes-Interpreten betonen, daß die Abspaltung der res cogitans aus dem Rest der Welt deren Ohnmacht angesichts der Automatenhaftigkeit dieser Welt besiegele. Aber Descartes verweist auf ein essentielles Nicht-Wissen hinsichtlich der (allerdings von Gott gewährten) Freiheiten, die also noch zu gewinnen sind.

Die Abspaltung der res cogitans scheint für die Gewinnung von Freiheit sogar notwendig zu sein. Wie wäre etwas zu machen, was anders ist als das Bestehende, wenn es nicht zuvor auch vorgestellt wird, ohne daß es gleich auf die »res extensa« durchschlägt. Es muß eine Sphäre geben, die ohne Auswirkung auf das Bestehende bleibt, wenn sie genügend Differenz zu ihm gewinnen will, um sich als Alternative anbieten zu können. Nun ist es keineswegs dieses, was Descartes mit seiner res cogitans zu verbinden scheint. Es ist für ihn der Ort des Rückzugs angesichts einer stets zu gewärtigenden Unsicherheit der Außenwelt, ein Ort, wo - mit dem rechten Maß an Zweifel - eine sichere Unterscheidung zwischen wahr und falsch gemacht werden kann. Und das wurde dann von den späteren Wissenschaftlergenerationen auch verstanden.

Wir können die Frage stellen, warum die Paralysierung eines transzendenten Prinzips mit der Automatisierung der Welt einhergehen muß. Paralysierung hieß zu Descartes Zeiten und auch später nicht: Es gibt dieses Prinzip gar nicht, sondern Gott ist für den Bestand der Welt nicht nötig aufgrund der umfassenden Naturgesetzlichkeit, und der Teufel hat keine Chance, weil die Naturgesetze stärker sind. Diese Art der Emanzipation bringt dann die Schwierigkeiten mit sich, wie eigene Freiheiten zu fassen und auszuloten sind.

Descartes hatte mitnichten das Bewußtsein des Menschen eingeigelt und ihn zur Untätigkeit verdammt, sondern ganz klar sein Nicht-Wissen überseine Freiheit ausgesprochen. Andererseits hat er die Stichworte geliefert, die den Rückzug des vor Täuschungen und Irrtümern nicht gefeiten Bewußtseins legitimieren und ihn auf das perpetuierliche Rechtfertigen seiner Methode geworfen, wie diese zu vermeiden seien.

14. Die Sehnsucht nach der Unbelangbarkeit

Anders sieht es bei Leibniz aus, der eine Epoche optimistischer Geschichtsbetrachtung einleitete, deren Konzert nur von wenigen Stimmen des Pessimismus gestört wurde. Bei ihm gibt es kein Nichtwissen oder: Unsicherheit bezüglich der zukünftigen Dinge, und welchen Anteil der Mensch daran haben könne. Die Welt sei nicht nur die

»bewunderungswürdigste Maschine, sondern auch - soweit sie aus Geistern besteht der vortrefflichste Staat, durch welchen den Geistern die meiste Glückseligkeit oder Freude widerfährt« [Leibniz 1982, 46].

Deshalb gibt es auch keine Potentialität des Einwirkens der Geister auf die »Weltmaschine«, denn die Seele agiere in vollkommener Spontaneität aus sich selbst heraus und nur in Bezug auf sich, bleibe aber dennoch in vollkommener Übereinstimmung mit den Außendingen; Geist und Weltmaschine vollführen einen harmonischen Tanz, ohne daß einer den anderen führt. Man sehe auch ein, daß diese Hypothese der Übereinstimmungen (die »prästabilierte Harmonie«) »die vernunftgemäßeste ist und daß sie eine wunderbare Vorstellung von der Harmonie des Universums und der Vollkommenheit der Werke Gottes gibt« [35]. Erst daraus könne sich die Freiheit des Menschen »in völliger Unabhängigkeit von dem Einflusse aller anderen Kreaturen« ergeben [36].

Die existierende Welt ist die Beste aller möglichen, auch weil sich jeder Geist immer in der Weise verhalten muß, die am geeignetsten ist, »zur Vollkommenheit der Gemeinschaft aller Geister (..) beizutragen« [36]. Die beste aller möglichen Welten enthalte zwar Übel, die sich auch für die besten Menschen als Schicksalsschläge erweisen, doch sind sie es nur für den Augenblick, in ihrer weiteren Auswirkung aber Stationen eines abgekürzten Weges zur größeren Vollkommenheit. Wenn Leibniz von einem gewissen stetigen und durchaus freien Fortschritt des ganzen Universums und insbesondere der irdischen Kultur spricht, so meint er einen bereits implantierten Antrieb, der sich in prästabilierter Harmonie vollzieht und nicht in Dissonanz zwischen Geist und Weltmaschine. Die Natur, meinte auch Diderot, sei das große Instrument, das sich selbst spielt, das wahre Perpetuum mobile [vgl. Bloch 1978, 55].

Die Maschinenmetapher ist ohne den Gedanken von etwas Vorgesetztem unbrauchbar, und das kann sich zum Stigma ausweiten, denn die »Maschine« ist das Werk eines intelligenten und zugleich unfaßbaren Wesens, das mit ihr ein Ziel anvisiert. Mir kommt es selber fast unmöglich vor, diese Metapher abzuschwächen. Es muß etwas mit der Wiederkehr von Wirklichkeit und der Auflösung der Theorie zu tun haben. Die Welt wird in Zukunft nicht so sein, wie wir es uns vorstellen. Die Natur zeigt sich doch nicht in dem Gewand, das wir für sie geschneidert haben. Natur ist zwar kalkulierbar, aber doch nur in dem Maße, wie wir die Randbedingungen bestimmen. Randbedingungen sind jedoch Grenzen, um die die Phänomene sich gegebenenfalls nicht scheren werden. Der Prozeß der Theoriebildung konvergiert vermutlich nie und vollzieht sich in Revolutionen, weil der Vorgriff der Theorie als Zugriff verstanden wird, der keine Enttäuschung duldet.

Die »Welt als Perpetuum mobile« ist ein absoluter Vorgriff, der die Gewißheit über die umfassende Regelung mit dem Verzicht auf eine Eingriffsmöglichkeit bezahlt. Eines der markantesten Beispiele dafür überhaupt findet sich in der Geschichtsphilosophie Adam Weishaupts, seinerzeit vielgelesener Autor und Gründer und Oberhaupt des Illuminatenordens. An der

> »großen Weltmaschine« lasse sich beobachten, »wie ein Rad in das andere greift, wie nichts sich hindert, wie Hindernisse befördern« [Weishaupt 1788, 19].

Alles beruhe auf der Wirkung einer höchsten, vollkommensten und unendlichen Ursache und die Menschen verhalten sich dabei

> »als Zuschauer und Werkzeuge der Natur.- beschleunigen keinen Erfolg, und erlauben uns keine andere Mittel, als Aufklärung, Wohlwollen und Sitten unter Menschen zu verbreiten, (...) enthalten wir uns aller gewaltsamen Mittel, (..) beruhigen uns dabey in unserem Gewissen gegen jeden Vorwurf, daß wir den Umsturz, und Verfall der Staaten

und Thronen ebensowenig veranlasset, als der Staatsmann von dem Verfall seines Landes Ursach ist, weil er solchen ohne Möglichkeit der Rettung vorhersiehet« [Weishaupt 1786, 193].

Die Tat des verkrustenden theoretischen Vorgriffs spiegelt sich in einer phantastischen Metapher wider. Dem Blick des ungeübten Denkers seien die Schritte der fortschreitenden Geschichte unmerkbar, und nur

»dem unbefangenen Denker anschaulich, dessen Arbeit es ist, in Jahrtausende hinein zu blicken, und von dem hohen Mastkorb fernes Land zu entdecken, wo es der untenstehende Haufen noch nicht einmal vermuthet. Das untrügliche Merkmal der erlauchtetsten Größe des Geistes« [Weishaupt 1782, 181f].

Sogar das vielzitierte abgeschiedene Gelehrtenstübchen sprengt die Dimensionen eines Schiffsmastkorbes ohne Schwierigkeiten. Was durch Weishaupt als optimistische Interpretation der Weltmaschine vorgeführt wird, erscheint bei Wezel, dem vergessenen Querulanten des ausgehenden 18. Jahrhunderts als pessimistische Variante. Wezel läßt in »Belphegor« den Fromal seine Sicht der Dinge schildern: Die Welt sei ein von ihrem Urheber veranstaltetes Spiel der natürlichen Kräfte.

»Die Maschine der Welt ist ein Perpetuum mobile, wo Stoß auf Stoß, Wirkung auf Wirkung unausbleiblich folgen, wo der Gerechte und Ungerechte von einem Stein zerquetscht wird, wenn er gerade vorübergeht, indem ihn seine Schwerkraft zur Erde herabzieht, wo der Böse und Gute von der Kanonenkugel weggerissen wird, wenn sie ihn auf ihrem Wege antrifft kurz, wo aus dem verwirrten, streitenden Haufen der Weltkräfte eine Wirkung nach der anderen hervorsteigt und jede der ihr gewiesenen Regel allein folgt« [Wezel 1984, 314].

Was bleibe dem geplagten Weltbewohner anders übrig, als auf Dauer den Harnisch der Gleichgültigkeit anzulegen? Es ist bemerkenswert, daß Immanuel Kant auf die Maschinenmetapher verzichtet, also auch nicht mehr gezwungen ist, die Absichten des Inventors zu diskutieren. Kant hat sich immer wieder über die Rechtfertigung des »freien Willens« Gedanken gemacht, und darüber, wie er »zu retten« [1956, 491] sei. Unter Freiheit, im kosmologischen Verstande, sei das Vermögen zu verstehen,

> »einen Zustand von selbst anzufangen, deren Kausalität also nicht nach dem Naturgesetze wiederum unter einer anderen Ursache steht, welche sie der Zeit nach bestimmte« [ebd., 488].

Freiheit in dieser Bedeutung sei eine reine transzendentale Idee. Ihre Aufhebung würde zugleich alle praktische Freiheit vertilgen. Da nun die Vernunft selbst keine Erscheinung und gar keinen Bedingungen der Sinnlichkeit unterworfen sei, könne auf sie das dynamische Gesetz der Natur, was die Zeitfolge nach Regeln bestimmt, nicht angewandt werden [ebd., 502]. Der Mensch könne sich nicht auf die naturgesetzliche Bedingung seiner Handlungen berufen, da diese unter der Macht der Vernunft stünden, und die Vernunft in ihrer Kausalität keinen Bedingungen der Erscheinung und des Zeitlaufs unterworfen ist.

Hans Blumenberg diagnostizierte bei Friedrich Schlegel eine »romantische Flucht aus der Exposition der Selbstbehauptung in den bergenden Schoß des Welttieres, in die Wärme der Organfunktion«, wenn dieser sich direkt gegen Kants Nebeneinander von Freiheit des Willens und determiniertem Weltlauf wendet:

> »Der Grund, warum wir gegen die Freiheit sprechen, ist, weil da die Einheit der Welt zerrissen wird. Wenn nämlich die Welt als Mechanismus gedacht wird und der Mensch als absolute Kausalität, so wird die Welt zerrissen, und damit auch die Vernunft. (..) Wir wollen doch, daß unser Handeln ein Erfolg habe, daß etwas dabei herauskomme, daß nicht schon alles abgeschlossen sei; aber das fällt bei dem System des Mechanismus weg« [nach Blumenberg 1974, 254].

Auch Novalis sehnte sich nach einem Schoß zurück, der großen Familie der Christen, die vor der Reformation bestanden haben soll, und jetzt durch eine »Vertrocknung des heiligen Sinns« geschädigt sei, indem »Phantasie und Gefühl, Sittlichkeit und Kunstliebe, Zukunft und Vorzeit« verketzert würden. Der Religions-Haß

> »machte die unendliche schöpferische Musik des Weltalls zum einförmigen Klappern einer ungeheuren Mühle, die vom Strom des Zufalls getrieben und auf ihm schwimmend, eine Mühle an sich, ohne Baumeister und Müller und eigentlich ein echtes Perpetuum mobile, eine sich selbst mahlende Mühle sei« [Novalis 1981, 508].

Man möchte fast meinen, daß hier kein Autor, wohl bis auf Kant, den Widerspruch ausgehalten hat, der sich ergibt, wenn man Gesetze für die Natur denkt und sich vorbehält, daß aus dem Handeln »etwas herauskomme«. Dieser Antagonismus löst sich vielleicht auf, wenn Handeln dazu führt, Gesetze neu zu denken.

15. Selbstentmündigung

»Gleich der Schachmaschine rollet die Weltmaschine mit lauten Rädern um, aber eine lebendige Seele verbirgt sich hinter den mechanischen Schein« [Jean Paul, nach Sprengel 1977, 68].

Auf einem ganz anderen Gebiet als dem der Kosmologie wird der latente Zusammenhang zwischen Maschinenvorstellung und transzendenter Macht besonders deutlich und die Betonung der weltimmanenten Gesetzlichkeit zur Emanzipation: Auf dem Gebiet der Magie und Hexerei, das weltliche und kirchliche Gerichtsbarkeit über Jahrhunderte beschäftigte. Hexerei war ausschließlich teuflischer Ursache und die Hexen seine Werkzeuge, seine Maschinen als Instrument transzendenten Terrors« [Schmidt-Biggemann 1975, 114]. Maschine stünde erst dann, schreibt Schmidt-Biggemann,

»als emanzipatorisches, berechenbares Modell gegen den Terror durch Unberechenbarkeit, wenn modellimmanent, nach der Funktion innerhalb der Maschine, argumentiert wird. Zwar werden die Träger von Zweitursachen, die Menschen, im Funktionszusammenhang der Weltmaschine dadurch ohnmächtig, aber die Installation der Ordnung gegen Willkür, auch die faktische Unterordnung Gottes unter seine Gesetze durch die Verlagerung der Argumentation von der Macht Gottes auf seine Unveränderlichkeit und der (Kurz-)Schluß von der Unveränderlichkeit auf die Gesetzmäßigkeit ist emanzipatorisch« [114 f].

All dies hätte aber erst nach 1644, nach Erscheinen von Descartes' Principia Philosophica (aus der im vorangegangenen Kapitel zitiert wurde), geschehen können.

In ihrem Hexenhammer von 1487 versammeln die beiden Autoren Sprenger und Institoris zuerst die Argumente, warum der Hexenglaube gut katholisch und seine Leugnung ketzerisch sei. Mit offenbarten Versatzstücken aus der Bibel und den kanonisierten Schriften der Kirchenväter wird die Hexerei als Tatbestand fixiert. 1632 erscheint die

»Cautio Criminalis« von Friedrich v. Spee [vgl. Nigg 1986, 341 f], worin für eine an Verstand, Naturrecht und christlicher Nächstenliebe orientierte weltliche Rechtsprechung bei den Hexenprozessen plädiert wird. Nicht mehr die sowieso unwiderlegbare (aber auch unbeweisbare) Annahme real existierender »transitorischer Kausalität«, sondern ihr Beweis durch die Hexengläubigen anhand realer Indizien sollte die Rechtsgrundlage für die Prozesse gegen die der Hexerei Beschuldigten abgeben. Der Gang des Prozesses müßte sich fürderhin an eine von Menschen geschriebene Ordnung halten, in der es keine von transzendenten Mächten vorgegebene Determinanten mehr gibt.

Der Hexenglaube ließ sich nur mit der Unterstellung rechtfertigen, Gott habe es gewollt, daß Menschen vom Bösen auf die Probe gestellt werden (denn die Welt wäre ärmer, wenn die Menschen nicht die Erfahrung ihres Glaubens und ihrer Stärke nach Bestehen dieser Probe machen könnten). Für eine an (welt)immanenter Beweisführung orientierte Klärung der Schuldfrage entfällt die Argumentation anhand eines offenbaren göttlichen Plans. Einen ähnlichen Wandel erfährt der Gebrauch der Maschinenmetapher für die Welt. Diese Metapher mag auch deswegen so im Schwange gewesen sein, weil sich Gottesgedanke (Gott als Schöpfer der Maschine) und Emanzipation von transzendenten Eingriffen (die Maschine funktioniert aus sich und bedarf keiner Zuwendung) aussöhnen ließen. Das heißt, die Paralysierung von Gott und Teufel geschieht nicht durch die Maschinenvorstellung, denn unter dieser Metapher bleibt der Inventorgedanke viel zu virulent. Sie geschieht durch den Gang der Wissenschaft, die – unbewußt – den geregelten Gang der Natur davon abhängig macht, daß sie die scheinbar ordnungsstiftenden Gesetze auch tatsächlich auffindet. Wissenschaft übernimmt verantwortlich das Geschäft der Sicherung der Naturabläufe.

Soweit das nur eine These ist, läßt sie sich durch die vorgenommene Untersuchung erhärten, wie sich die Verwendung des Begriffs »Perpetuum mobile« gewandelt hat. Sein Gebrauch als Metapher für die Weltmaschine leitete die »gut katholische«, aber gleichwohl konsequente Suspendierung Gottes ein. Eine Maschine hat ihre »Eigenzeit« und kümmert sich nicht um äußere Zeitmarken (wie etwa das Jüngste Gericht), wenn sie erst einmal eingeschaltet ist. Als theoretisches Komplement zur metaphorischen Ebene erwächst die Annahme einer von Gott der Welt implementierten Gesetzlichkeit. Sich ihrer zu vergewissern bedeutet die ständige Bestandssicherung ohne Fragen nach dem Ende und dem Zweck. In dieser Weise löst sich das einseitige Abhängigkeitsverhältnis zwischen der Natur und Gott auf.

Die Endstation des Begriffs Perpetuum mobile ist sein Gebrauch als Hilfswort innerhalb der Wissenschaft c an sich. Daraus erwächst die unbedingte Verkettung des Potentiellen mit dem Aktuellen in Raum und Zeit. Endstation für seinen Gebrauch als Metapher ist die Bezeichnung aller Eventualitäten, die aus der Ungültigkeit von Gesetzen erwachsen würden. Im engsten (und intimsten) Sinne werden mit dieser Metapher die Konsequenzen verdeutlicht, die sich aus einer Nichtbeachtung des Energieerhaltungssatzes ergeben. Der Wissenschaftler kultiviert die Natur, ohne seine Arbeit verkommt sie zum Chaos.

Zeit hat für die »Moderne« eine doppelte Bedeutung. Maschinenvorstellung, aber auch Naturgesetzlichkeit bringen sie aus sich hervor. Die Bestandssicherung durch den sicheren Fortschritt der Wissenschaft braucht aber auch Zeit, nicht nur einen Zeitraum, sondern gewissermaßen die Ewigkeit. Wenn Wolf Lepenies [1978] den Grund für die Verzeitlichung von Naturgeschichte in der überbordenden Anhäufung von Informationen sieht, die nur noch in der Zeit und nicht mehr nur in einer räumlichen Anordnung unterzubringen seien, dann wird das zugrundeliegende Motiv nicht angesprochen: Es ist der Druck, genügend Informationen zu gewinnen. Das braucht seine Zeit. Verzeitlichung der Naturgeschichte und die Zeitnot des Wissen schaffenden Individuums gehen Hand in Hand.

Moderne Naturgeschichte ist immer noch »Heilsgeschichte«. Diese Art der Heilsgeschichte ist allerdings negativ bestimmt. Was zum guten Ende geschieht, ist damit nicht begründet, aber daß etwas Schlim-

15. Selbstentmündigung

mes passieren kann, ist jetzt für alle Zeiten ausgeschlossen. Heilsgeschichte hatte in der christlichen Eschatologie eine andere Bedeutung. Sie war nicht Geschichte mit einer inneren Uhr, sondern orientierte sich an einer einzigen Zeitmarke: der Wiedereinsetzung des vollkommenen Reich Gottes beim Wiedererscheinen von Jesus. Die Zukunft war gewissermaßen an einen erinnerten Zustand der Vergangenheit geknüpft. Zeit selber war markiert und überhaupt nur existent durch ein in naher oder ferner Zukunft erwartetes, von außen kommendes Ereignis.

In dieser Heilserwartung gibt es also eine Krise. Zukünftiges Heil wird nicht mehr passiv abgewartet, sondern der Ausschluß von Unheil aktiv betrieben. Zu dieser »Wende« hat Odo Marquard einen bemerkenswerten Aufsatz geschrieben, der ihre pure Phänomenologie in ein helles Licht taucht. Die Krisis in der Heilserwartung sei, so Marquard, aus der Krisis der Leibnizschen Theodizee erwachsen, die keine stichhaltige Verteidigung Gottes angesichts der Übel in der Welt geliefert habe und als letzten Ausweg – zur Entschuldung Gottes – den Menschen als Angeklagten in Sachen »Übel in der Welt« ins Rampenlicht zerren mußte.

Gott müsse – zugunsten seiner Güte – sein Nichtsein erlaubt oder vielmehr nahegelegt werden. Es ist also ein geradezu klassischer ambivalenter Vatermord. Die Erklärung seiner Nichtexistenz (bzw. Irrelevanz für den Fortgang der Dinge) wird aus dem Bedürfnis geboren, sich seiner absoluten Güte nach wie vor sicher sein zu können.

»Statt Gott wird der Mensch als Schöpfer ausgerufen, und die Wirklichkeit zu jener Schöpfung ausgerufen, die der Mensch selber machen kann: zur Geschichte.«

»Zeit« spielt dann nicht nur die Rolle des Grundparameters von Geschichte, sondern ist Garant für den Aufschub der Entschuldungsleistung, die Welt noch nach dem Besten einzurichten. Die eigentlich unerträgliche Ausgangslage ist also die: Fortan ist der Mensch

»als wegen der Übel in der Welt absolut Angeklagter – vor einem Dauertribunal, dessen Ankläger und Richter der Mensch selber ist – unter absolutem Rechtfertigungsdruck, unter absoluten Legitimationszwang geraten« [1980, 199].

Dieses Dauertribunal, so Marquard, bewirke den Ausbruch des Menschen in die »Unbelangbarkeit«. Die großen Kompensationsleistungen zur Aufhebung der Daueranklage seien: 1. die Bestimmung der Natur des Menschen (daß er sich in ihr verstecken könne), 2. die Sehnsucht nach der unberührten Natur, 3. die Individualität mit dem Extrem des Enthusiasmus der Abwesenheit, 4. der heimliche Wunsch nach Unzurechnungsfähigkeit durch Ausbruch in den Wahnsinn, 5. die Genesis des Ästhetischen infolge der Institutionalisierung des maßstabslosen originellen Künstlers, 6. Konzeption und Proklamation der Menschenrechte.

Was aber geschieht mit dem Verhältnis zwischen Mensch und faktischer Natur? Wie macht sich der Mensch von der Natur als »dritter Gewalt« unbelangbar? Er schafft ein »wissenschaftliches Weltbild«! Nicht nur die Forderung nach Friedfertigkeit der abgebildeten Natur ist wichtig, entscheidend wird der Konsens. Kein Wissenschaftler kann es sich leisten, dieses Bild aufzubrechen, es anders zu malen, denn die Differenz zu dem sanktionierten Bild heißt für deren Anhänger stets: Das konkurrierende Bild wird den Kontrakt mit der Natur brechen und ihre blindwütigen Kräfte entlassen. Das Weltbild macht die Menschen für die Natur unbelangbar, der einzelne muß sich zusätzlich den anderen gegenüber legitimieren, indem er von sich aus keinerlei Gefahr durch Proklamation einer Alternative heraufbeschwört.

Marquards These, daß der Mensch Gott durch seine Überhöhung, durch seine Entlastung und gleichzeitige Selbsttribunalisierung hinauskomplimentiert, bedeutet, daß Gott oder wenigstens der Argwohn, daß es da ein transzendentes Prinzip gebe, im Hintergrund noch anwesend ist. Koexistenz von Energieerhaltungssatz und Perpetuum mobile im geistigen Selbstverständnis der modernen Menschen bestätigen diese Folgerung. Der Energiesatz ist das Vehikel, um die völlige Unbelangbarkeit des Menschen gegenüber der Natur einerseits und ethischen Forderungen hinsichtlich seines Wirkens in der Natur andererseits zu installieren. Das Perpetuum mobile hingegen ist der im Hintergrund als transzendentes Prinzip lauernde Unstern, der über dem Horizont auftauchen kann, um die Menschen mit Katastrophen zu überziehen. Der Energiesatz macht aus der Natur ein filigranes Bauwerk, in dem die Beziehungen und Vorgänge eindeutig festgelegt sind. Eine andere Weise des Ablaufs als diese bringt die Vernichtung des ganzen Bauwerks mit sich.

Leibniz gibt uns einen klaren Hinweis, warum das transzendente Prinzip so dicht an der Oberfläche der wissenschaftlichen Argumentation bleiben wird. Denn die moderne Vorstellung der immanenten Gesetzlichkeit lieferte auch »die neuen Kategorien der theologischen Diskussion um das Böse« [Schmidt-Biggemann 1975, 131]. Diese neuen Kategorien müssen ohne die Möglichkeit zur Personifizierung auskommen und leisten die Umwandlung einer Person in einen metaphysischen Begriff [131]. Das Böse könne nur noch in der »Gestalt« einer »causa deficiens« auftreten, was sich assoziativ mit »ermattendem«, »nachlassendem« oder »ungenügendem« Grund übersetzen läßt. An diesen Begriff knüpfen alle apokalyptischen Visionen an, die die Folgen eines Nachlassens oder Außerkraftsetzens der Naturgesetze auszumalen versuchen. Der Energiesatz ist der Hauptsatz der Naturwissenschaft geworden und steht für die absolute Kausalität des Geschehens. Die moderne Teufelsmetaphorik im Zusammenhang mit dem Perpetuum mobile streicht die Abkunft der metaphysischen Kategorie der Akausalität aus der theologisch motivierten Verwandlung des Teufels von einer Person in einen lediglich kategoriellen Widersacher des metaphysischen Grundprinzips der Ordnung heraus. Von Walter Gerlach, einem angesehenen Experimentalphysiker, stammt die Überlegung:

»Das Gesetz von der Erhaltung der Energie spielt in der Naturwissenschaft und Technik die Rolle der obersten Polizeibehörde: es entschei-

det, ob ein Gedankengang erlaubt oder von vornherein verboten ist«
[Gerlach 1942].

Für gewöhnlich wird der Energiesatz als oberste Polizeibehörde für die Natur aufgefaßt. Hier entscheidet er aber über Bot- oder Unbotmäßigkeit eines Gedankenganges. Auch die Vokabel »von vornherein« wird nicht zufällig verwendet, sie zeigt an, daß bereits der Gedankengang »kriminelle« (also: für den verantwortungslosen Gedankengänger strafbare) Folgen für den Zustand der Natur haben würde.

Wenn man Philosophie eher als Spiegel der epochalen Notlagen ansieht, kann die Ursache dieses Wandels nicht in der Philosophiegesucht werden. Daß der Mensch zum Selbstankläger wird, ist keine Folge der Krisis der Leibnizschen Theodizee. Allenfalls beginnt der moderne Mensch auf einer vermutlich ganz profanen Ebene mit Selbstvorwürfen oder -anklagen und kann mit einer Philosophie, die Gott rechtfertigt, nichts mehr anfangen. Die Tendenz in der modernen Naturwissenschaft, den Menschen von der Natur unbelangbar zu machen und zugleich darauf zu achten, daß dieses Bild durch keinen Theoretiker gefährdet wird, spielt sich auf kultureller Ebene ab und zeigt an, wie es auf der Ebene, wo die Selbstanklagen ihren Ausgang genommen haben, ebenfalls laufen könnte. In kultureller Hinsicht ist die moderne Naturwissenschaft Rechtsnachfolgerin der kirchlich gewährten Entlastungsriten.

Es ist nicht das Ziel dieses Buches, zu überlegen, was denn der Auslöser für die Verantwortungsübernahme des Menschen gewesen, und warum dies unter gleichzeitiger Entwicklung von Strategien, wie dem auszuweichen sei, geschehen ist. Ich möchte aber auf ein Buch hinweisen, das, wenn inhaltlich auch schwer zu heben, sich dieser Frage gestellt hat. Es ist »Maschinenkinder« von Christian Blöss. Die Selbstanklage entpuppt sich hier als Zwang zur Selbstentschuldung – in ökonomischer Hinsicht. Der moderne Mensch kann wieder Schuldner werden, er entschuldet sich selber und bekommt Schuld nicht mehr vom Herrn erlassen. »Autonomie« verwandelt sich unter Abspeckung der ideologischen Verklärung zum unabhängigen und verantwortlich handelnden Individuum in den unangenehmen Zustand, wie der einzelne sich ohne Unterstützung des anderen allein aus seiner vorhandenen oder jedenfalls permanent drohenden Misere herausarbeiten könne [Blöss 1987].

16. Das Ethos der Zeit und die Katastrophe des Wärmetodes

Während das klassische Perpetuum mobile den teuflischen Aspekt einer akausalen Natur anzeigt, scheint Interpretation und Umgang mit dem längst nicht so bekannten Perpetuum mobile zweiter Art von Nüchternheit diktiert zu sein. Der zweite Hauptsatz, der die Existenz einer Maschine, die Wärme vollständig in Arbeit verwandelt, für unmöglich erklärt, orientiert sich an einer Beobachtung in der Natur, die keiner anzweifelt: Temperaturdifferenzen in der Natur gleichen sich aus, bzw. sie verstärken sich niemals.

Auf den ersten Blick scheint es so, als ob sich der Ausschluß von Maschinen, die Wärme vollständig in Arbeit verwandeln, nicht durch das Ausmalen von unangenehmen oder katastrophischen Szenarien legitimieren läßt, denn was ist an solchen Maschinen schon dran, daß sie im Falle ihrer Existenz die Natur ins Chaos stürzen könnten? Nun werden sich derartige Maschinen außerhalb der von der Natur benutzten Bahnen bewegen. Die Effekte, die sie zu erzielen vermögen, liegen nicht im Bereich der Möglichkeiten der Natur. Das alleine könnte schon schlimm genug zu sein. Was mühsam an Gesetzen für die Naturgefunden werden konnte, wird nun durch eine Maschine zwar nicht außer Kraft gesetzt, aber doch überboten. Ein solches Perpetuum mobile eröffnet einen neuen und vorderhand durch Gesetze gar nicht einzugrenzenden Bewegungsspielraum, einen gesetzesfreien Raum also.

Wer das 5. Kapitel nicht überschlagen hat, kann sich vielleicht noch erinnern, wie »harmlos« die Konsequenzen sind, die aus einer Überbietung der durch den zweiten Hauptsatz gewährten Möglichkeiten folgen. Es resultieren keine »Wunder«, sondern es erwächst lediglich die Kenntnis einer größeren Mannigfaltigkeit der meßbaren Stoffeigenschaften, wobei die neu hinzukommenden Stoffeigenschaften sich qualitativ durch nichts von den vom zweiten Hauptsatz freiwillig gewährten Stoffeigenschaften unterscheiden. Daraus folgt mindestens eine Frage, nämlich mit welcher Berechtigung der Natur unterstellt wird, daß sie ausgerechnet diese ausgespart hätte? Etwa weil sie verhindern wollte, daß irgendwann einmal intelligente Wesen sich daran machen könnten, diese Stoffeigenschaften maschinentechnisch so auszunutzen, daß Effekte erzielt werden können, die über das, was die Natur sich selber erlaubt, hinausgehen? So anthropomorph die Frage gestellt wird, so überflüssig scheint auch jede Antwort darauf zu sein. Und doch muß dieser Anthropomorphismus eine Rolle bei der hartnäckigen Verteidigung der restriktiven Fassung des zweiten Hauptsatzes spielen. Die Kapitel 4 und 5 machten deutlich, wie hinderlich diese Einstellung dafür ist, den eigenen Grundlagen auch nur ein wenig kritische Distanz entgegenzubringen und wie leicht es Wissenschaft haben könnte, mit ihren ureigenen Mitteln diese Grundlagen abzuklopfen und entweder zu rechtfertigen oder sie – und dann mit erfreulichen Folgen für die Energietechnik – zu erweitern.

Ernst Schrödinger
(1887-1961)

Wenden wir uns dem weitaus populäreren Thema »Wärmetod« als Konsequenz des zweiten Hauptsatzes zu, das im Gegensatz zu seinen maschinentechnischen Implikationen die Gemüter von der ersten Erwähnung bis heute sehr heftig beschäftigt hat. Der »Wärmetod« des Weltalls ist innerhalb der Naturwissenschaften, zumindestens was das Phänomen »Leben« bzw. generell die Strukturbildung betrifft, abgehakt. Während abgeschlossene Systeme generell ihren privaten kleinen Wärmetod vollführen müssen, zeigen offene Systeme unter Umsatz von Masse und Energie die Fähigkeit zur Strukturbildung, abhängig davon, mit welchen Formen und Intensitäten von Masse und Energie sie beaufschlagt werden. Mußte über eine lange Durststrecke das Leben gegen die Tendenz des Verfalls noch verteidigt werden, liefert die Physik jetzt wieder einmal die Begriffe, die von den anderen Wissenschaftszweigen zur Beschreibung der Entstehung von Strukturen eifrig aufgegriffen werden. Diese Durststrecke dauerte fast 100 Jahre, beginnend mit den ersten Veröffentlichungen von Clausius und William Thomson bis – um eine Zeitmarke zu setzen – zur Veröffentlichung des Buches »What is Life?« von Erwin Schrödinger, der den Gedanken populär machte, daß ein System der wachsenden inneren Unordnung durch eine kompensierende Aufnahme von hochgeordneten Elementen Herr werden könne[6].

William Thomson (1824-1907)

Die Rezeption der popularisierten Aussage vom Wärmetod spiegelte sich, neben seiner Einbindung in pessimistische Kulturbetrachtungen, vor allem – und das mag überraschen – in seiner Ausschlachtung zum Garanten einer friedlichen Entwicklung der menschlichen Gemeinschaft im Besonderen und des Weltalls im Allgemeinen.

Die Wärmetod-Aussage in dieser positiven Auslegung wird zu einem Utopie-Ersatz. Gesellschafts-Utopien waren in der Zeit der Abschwächung des von Gott gelenkten Welt-Modells weit verbreitet und thematisierten damit die vom Menschen wahrzunehmende Freiheit bei der Gestaltung seiner eigenen Zukunft. Sie gerieten angesichts der Uneinlösbarkeit der aufgestellten Ziele schnell in Mißkredit und damit in Vergessenheit. In Vergessenheit geriet aber auch der selbst herausgearbeitete Blick auf die eigene Freiheit. Die Okkupation des »Wär-

---

[6] Es sei darauf hingewiesen, daß Strukturbildung infolge einer Dissipation von durchgeleiteter Energie und Materie nur entstehen kann, weil dem System zusätzlich „Baupläne" oder „Gesetzmäßigkeiten" innewohnen, auf deren Grundlage die dynamische Umsetzung der angebotenen Energie oder Materie in Strukturen dann geschehen kann.

metodes« zum Zwecke der Darstellung einer von Naturgesetzen regierten Entwicklung vom gegenwärtigen Zustand zu einem – nicht »toten« sondern – »friedfertigen« und »beruhigten« Zustand in einer (fernen) Zukunft, stellt einen weiteren Kunstgriff in der Abwälzung der eigenen Verantwortung auf eherne Naturgesetze dar.

Mit den ersten Publikationen der Wärmetod-Folgerungen aus dem zweiten Hauptsatz machte sich nicht zuletzt innerhalb der Naturwissenschaft eine ziemliche Beunruhigung breit. Niemand konnte sich mit diesem Satz anfreunden, was ja verständlich ist. Er vermochte sich »durchaus nicht einer gleich allgemeinen Anerkennung und Verbreitung zu rühmen«, wie der Satz von der Erhaltung der Energie. In diesem Falle habe also die sonst so ausgiebige Macht unserer geistigen Kommunikationsmittel versagt, schrieb F. Wald. Während der Satz von der Erhaltung der Energie in einer überraschend kurzen Zeit Gemeingut aller Gebildeten geworden sei, erscheine selbst Kennern der Entropiesatz manchmal als »notwendiges Übel, als eine unheimliche, in des Menschen Hirn nicht recht passende Wahrheit« [Wald 1889, 2]. Der zweite Hauptsatz der Thermodynamik formulierte

> »über die unerbittliche Zunahme der Entropie das Ablaufen der 'kosmischen Uhr'. Der Wärmetod des Universums, bei welchem alle Temperaturunterschiede ausgeglichen sind, bedeutete das absolute Ende der Welt. Die Atome, deren Existenz erst Ende des 19. Jahrhunderts definitiv bestätigt werden konnte, wurden zur tödlichen Gefahr, trugen sie doch mit ihrem stetig steigenden Entropiegehalt den Keim der unausweichlichen Zerstörung allen Fortschritts.«

So charakterisiert der kürzlich verstorbene Roman Sexl [1986, 39] die geistige Lage innerhalb der Wissenschaft der Jahrhundertwende und bedient sich einer ähnlich apokalyptischen Sprache wie die zeitgenössischen Autoren, so zum Beispiel Helmholtz:

> »Auch unserem Geschlechte will dieses Gesetz ein langes, aber kein ewiges Bestehen zulassen; es droht ihm mit einem Tage des Gerichts, dessen Eintrittszeit es glücklicherweise noch verhüllt. Wie der Einzelne,

so muß auch das Geschlecht den Gedanken seines Todes ertragen«
[Helmholtz 1903].

Es sei noch einmal daran erinnert, daß diese prekäre Lage auch aus der Okkupation des Energiesatzes zur Darstellung eines (gegen jeden Zugriff von »außen«) abgeschlossenen und nur in sich funktionierenden Weltalls rührte. Wäre man weniger restriktiv mit dem »Grundsatz der vollständigen Erkennbarkeit« der Natur umgegangen – und hätte damit das Weltall als zumindest erkenntnismäßig offenes System belassen –, so wäre die Möglichkeit eines Einströmens von Negentropie unbekannter Herkunft immer denkbar gewesen, was die »hoffnungslose« Lage in ein anderes Licht getaucht hätte. Ähnliche Überlegungen hat es erst viel später gegeben, allerdings mit einem recht fragwürdigen Retter-Gedanken:

> »Drei junge Wissenschaftler (..) stellten im Jahre 1948 die Hypothese auf, daß während der Expansionsphase des Universums der Wärmetod oder der Zustand maximaler Entropie dadurch vermieden werden kann, daß dem Universum von »außen« negative Entropie zugeführt wird. (..) Auf diese Weise wäre (..) sichergestellt, daß das System nicht den Zustand absoluter Ruhe erreicht« [Rifkin 1982, 59].

Der zweite Hauptsatz der Thermodynamik hatte auch in der öffentlichen Meinung einen ganz anderen Beigeschmack als der Energiesatz. Er schien eine Art »apokalyptischer Vision« zu eröffnen, die als »kosmisches memento mori« einer pessimistischen Geistesrichtung der damaligen Zeit zu entsprechen schien [Arnheim 1979, 18]. Stephen G. Brush spricht von einer hochgradigen Affinität der neo-romantischen Ära zu diesem Degradationsprinzip, war jene doch gekennzeichnet von einem Pessimismus gegenüber der menschlichen Rasse und ihren demokratischen Formen der sozialen Organisation [Brush 1967, 493]. Von einigen Beispielen abgesehen sei allerdings der direkte Einfluß dieses Prinzips auf das europäische Denken des 19. Jahrhunderts bemerkenswert klein geblieben. Erst gegen Ende des Jahrhunderts und zu Beginn des 20. finde man eine ansteigende Zahl von Veröffentlichungen, die sich auf den zweiten Hauptsatz beziehen und versuchen, ihn mit allgemeinen historischen Tendenzen zu verbinden [ebd., 511].

Tatsächlich finden sich die Einflüsse dieses »Degradationsprinzips« vor allem in den populärwissenschaftlich gehaltenen Veröffentlichungen erst relativ spät wieder ein. Ob man von Einfluß überhaupt sprechen kann, ist eher fraglich. Nur zu häufig wird der Wärmetod lediglich zur Veranschaulichung oder zur Illustration geläufiger Vorstellungen benützt. Es ist eine Art Latenzzeit zu beobachten, die abgewartet werden mußte, um den an sich katastrophalen Inhalt des Prinzips entschärfen zu können.

Wir lesen in einem Artikel aus »Reclams Praktisches Wissen« von 1928 über den Wärmetod, als wäre er soeben erst »entdeckt« worden, dabei existierte dieser Begriff bereits seit beinahe siebzig Jahren. Und der Artikel wendet die unerträgliche in eine sehr tröstliche Vision. Auf drei Seiten werden da »Interessante Hypothesen« vorgestellt, die sich auf bekannte und weniger bekannte Kosmogonien beziehen. Nach einer kurzen Beschreibung der Kant-Laplaceschen-Kosmogonie wird ihrer »chaotischen Glut« ein moderner Nebenbuhler zur Seite gestellt, die Glacialtheorie Hörbigers, in der »dem Welteise und den katastrophalen Eisstürzen in die Sonnen eine dominierende Rolle«, zugewiesen werde. in Abwägung der Stichhaltigkeit dieser beiden exemplarischen Kosmogonien, die Hypothesen darstellten, die weder durch Experiment noch durch Erfahrung zu verifizieren seien, sollte man daran festhalten,

> »daß eine Kosmogonie, die von explosiven Plötzlichkeiten ausgeht, ihren hypothetischen Charakter noch offener zur Schau trägt, als eine Lehre, die sich auf die Stetigkeit der Elementarkräfte gründet.«

Eben diese Stetigkeit scheine nun in einem anderen »wissenschaftlichen Ausblick« verbürgt, der sich nicht wie jene Doktrinen auf die urzeitliche Vergangenheit, sondern auf eine sehr ferne Zukunft richte. Man habe hierfür den Fachausdruck Entropie-Tod geprägt.

»Er bedeutet eine höchst unerquickliche Vorschau auf das Endschicksal der Welt, die dadurch zugrunde gehen muß, daß in ihr alle Bewegung, alles Leben, überhaupt jedes mechanisch begreifliche Geschehen aufhören wird. (..) Die Physiker Thomson, Clausius und Boltzmann sind die Väter dieser unheimlichen Entropie, die für uns gänzlich trostlos wäre, wenn nicht der ganze Entropiesatz einen Haken hätte, an den sich die Hoffnung klammern darf. Die Physik hat dem Ungeheuer zur Erreichung des Maximums auch eine ungeheure Zeitspanne gesteckt, nämlich die Unendlichkeit, und diese Ewigkeit ist nicht von heute an zu messen, sondern von Urzeiten. Da nun aber vom Uranfang der Dinge bis jetzt eine solche Ewigkeit bereits verstrich, so hätte das Maximum der Entropie mit seinen grauenhaften Folgen längst verwirklicht sein müssen, während die Existenz der Welt das Gegenteil beweist« [Moszkowski 1928, 31].

Der Verbalradikalismus in diesem kleinen Artikel wird vor allem durch die schlußendliche Entwarnung gegenüber den »grauenhaften Folgen« befördert; was sich letztlich als harmlos herausstellen wird, darf zuvor ruhig in den furchterregendsten Zügen geschildert werden. Nachdem also der unerquickliche Teil der Theorie fast genüßlich ausgebreitet worden ist, wird ein Hoffnungsstrahl ausgeworfen: Die Welt sei so alt, daß in ihr sich der Verfall schon längst hätte ausbreiten müssen. Doch die Welt existiere nach wie vor und strafe damit den sogenannten Entropiesatz Lügen.

Ludwig Boltzmann
(1844-1906)

Die Natur, schrieb M. Wilhelm Meyer, habe eine Reihe von Schutzvorrichtungen erfunden, die eine lange Zeitspanne dem endlichen Untergang entgegenarbeiten [Meyer 1902, 368]. Diese Wende in der

Interpretation des zweiten Hauptsatzes mag vielleicht verblüffen, doch finden wir sie auch in anderen Texten, die sich ähnlich dem Reclamschen Buch an ein breites Publikum wandten und es auch gefunden haben. Die Entropie als Garantin einer womöglich friedlichen Entwicklung finden wir auch in dem Bestseller von Oswald Spengler, »Der Untergang des Abendlandes«. Das Ethos des Wortes Zeit richte sich auf ein Ziel, und genau das bedeute für das Gesamtdasein und das Schicksal der »faustischen Welt« (i.e. das »Abendland«) die Entropie. Die Kraft, der Wille habe ein Ziel, und wo es ein Ziel gebe, gebe es für den forschenden Blick auch ein Ende.

> »Das Weltende als Vollendung einer innerlich notwendigen Entwicklung – das ist die Götterdämmerung; das bedeutet also als letzte, als irreligiöse Fassung des Mythos, die Lehre von der Entropie« [Spengler 1969, 545].

Spengler bricht dem Mythos der Götterdämmerung die gefährliche Spitze, steht diese doch für das katastrophische Ende der Welt; eine zielgerichtete Entwicklung zur Ruhe kann eben nicht von einem Ausbruch begleitet sein. Diesen Wandel eines als Katastrophe angekündigten Endes in einen friedlichen Ausgang hatte auch Leopold Ziegler im Sinn, der die »Lehre vom Wärmetod der Welt« eine

> »zeitgemäße und wissenschaftliche, folglich unheldische und untragische Fassung des düsteren Dämmerungsgesichtes unserer nordländischen Völuspa«

nannte [Ziegler 1925]. Joachim Schumacher untersuchte in seinem Buch »Die Angst vor dem Chaos« den Zusammenhang zwischen der Geschichtserwartung des deutschen Bürgertums und der mit der Entropie einhergehenden Metaphorik. Er schrieb 1936:

> »Der deutsche Physiker und Nobelpreisritter Nernst hat (..) mit der Entropie verhandelt und glaubt sagen zu dürfen, daß das angekündigte Moratorium zurückgenommen werden könne. Einem jeweils sterbenden Kosmos entspräche ein an anderer Stelle frisch entstandener. Der deut-

sche Abonnent des »Kosmos. Zeitschrift für Naturfreunde« kann also beruhigt sein. Die Entropiegefahr, der rote Wärmetod bzw. der Tod durch kalten Terror ist der Menschheit dank deutscher Helden-Physik erspart worden« [Schumacher 1978, 117 f].

Auch der eingangs schon zitierte Sexl kann die »tödliche Gefahr« für den Bestand der Welt in glühenden Farben schildern, Poincaré durch ein zyklisches Modell »zur Rettung« des Universums antreten und Boltzmann ebenfalls einen »verzweifelten Versuch« dazu wagen lassen; denn zum Schluß kommt die Auflösung: Der Ursprung aller Ordnung und Struktur sei in der Expansion des Weltalls zu finden, das Entropieminimum beim Urknall sei auf die große Konzentration der Energie in einer Singularität zurückzuführen. »Mit diesen neuen Erkenntnissen war die Welt vom Wärmetod gerettet. «

Jules Henri Poincaré
(1854-1912)

In dem Buch »Die Weltherrin und ihr Schatten« begegnen wir ebenfalls der rhetorischen Figur, das Unheil kräftig an die Wand zu malen, um es hinterher zu entkräften. Sein Autor vergleicht den Energiesatz mit der Verfassung, die als oberstes Staatsgrundgesetz über allem throne. Aber, so kommt die Frage, welche Beruhigung könne uns diese Verfassung auf die Dauer gewähren, wenn ohne Unterlaß Kräfte tätig seien, um sie zu untergraben? Diese Kräfte bündelten sich in dem bösen Dämon Entropie, von dem sich herausgestellt habe, daß er wächst und wächst, daß er langsam aber sicher seine bösartigen Tendenzen entfalte.

16. Das Ethos der Zeit und die Katastrophe des Wärmetodes

»Was kann die Energie auf Dauer nützen, wenn ihr Schatten, je mehr die Welt fortschreitet, je mehr es abends wird auf Erden, länger und länger wird, um schließlich alles in finstere Nacht zu hüllen?«

Doch: »Glücklicherweise gibt es Erwägungen, welche dieser Perspektive ihre Trostlosigkeit nehmen«, denn durch den Ausgleichsprozeß werden die Gegensätze schwächer und der Ausgleich immer sanfter. Der Weltprozeß wird in immer ruhigere Bahnen geraten und dem Schrecken des Verfalls immer weniger Anhaltspunkte liefern [Auerbach 1902, 40 ff]. Ähnlich liest sich das auch bei Erich Schneider:

»Das Betrübliche dieser Perspektive wird einzig und allein dadurch gemildert, daß die Zunahme der Entropie nicht gleichmäßig erfolgt, sondern erst schneller und dann immer langsamer« [Schneider 1945, 243].

Nicht nur in den populären naturwissenschaftlichen Betrachtungen wird der »Wärmetod« letztlich optimistisch interpretiert, selbst die Theologen finden an ihm Geschmack. Und das ist gar nicht so verwunderlich. Die entwicklungsmäßigen Vorgaben des Wärmetodes sind: Zwangsläufigkeit, Ende und vielleicht auch die Assoziation, daß die Art des Endes eigentlich unerträglich ist wie die Apokalypse. Und dann gibt es immer noch einen Ausweg, der Eingriff Gottes zur Wiederherstellung der Spannkraft:

»Wir sehen, daß uns die besten unserer heutigen Physiker auf jene Ruhe der Nacht hinweisen, die, da alles Licht erloschen, für uns etwas Grausiges hat« [Caspari 1874, 24].

Aber wer bemerke in den angedeuteten Worten, daß diese Tendenz nur eintrete, wenn das Weltall ungestört dem Ablauf seines physikalischen Prozesses überlassen werde, nicht,

»daß der Autor dieses Gedankens selbst ganz unwillkürlich zu Descartes' »Deus ex Machina« (hinüberschiele), als erwarte er von ihm gewissermaßen die Abwehr jenes sinkenden Prozesses« [Caspari 1874, 24].

Der Wärmetod-Komplex eignet sich auch vorzüglich zur Formulierung einer Heilserwartung transzendenten Ursprungs, als könne es doch nicht Gottes Absicht sein, diese Welt ins Dunkel absinken zu lassen. Es gab – und gibt sie immer noch [Pius 1951] – theologische Autoren, die den im Entropiegesetz liegenden Schöpferbeweis hervorheben. Denn wenn die Entropie in ferner Zukunft ein Maximum erreiche, müsse sie in ferner Vergangenheit ein Minimum als Ausgangspunkt aller kosmischen Entwicklung gehabt haben. Insgesamt zeigten die naturwissenschaftlichen Forschungen, daß

»die Entropievermehrung als primäre Ursache aller Entwicklung den Schöpfer« postuliere [Schweitzer 1910, 54].

Die theologische Schule der Wissenschaften war also durchaus in der Lage, den Satz vom Wärmetod in ihr Weltbild zu integrieren. Bevor sich in der atheistischen Wissenschaft der Konsens über den Wärmetod als Garanten einer antikatastrophischen Entwicklung durchsetzte, sahen sich ihre Autoren gezwungen, den zweiten Hauptsatz in dieser Konsequenz zu ignorieren, oder ihn, meist mit fadenscheinigen Argumenten, zu widerlegen [vgl. Haeckel 1903, 100]. Wer auch immer von ihnen sich dem Satz vom Wärmetod angenommen hat, die letztendliche Interpretation fällt fast durchweg positiv aus. Diese Zielsetzung wird vordergründig durch die in schillernden Farben hingeworfenen Untergangsszenarien verdeckt. Es sind vorbildliche rhetorische Figuren, um die nachgeschaltete Entwarnung mit um so größerer Erleichterung aufnehmen zu lassen.

Der Naturwissenschaft steht mit den beiden Hauptsätzen ein Instrumentarium zur Verfügung, das Ungefährdetheit und Entwicklung, zusammen: ungefährdete Entwicklung, anzeigt. Während der Energieerhaltungssatz das direkte und unmißverständliche Versprechen der Ungefährdetheit beinhaltet, sind an den Satz vom Wärmetod ambivalente Gefühle geknüpft. Die populärwissenschaftliche Aufbereitung dieses Satzes macht sich die positive Seite – die Sicherung der Entwicklung überhaupt – zu eigen und wendet die Degradation unter Negierung des unannehmbaren Endes in eine Garantin des Fortschrittes – im wörtlichen Sinne. Sie bügelt damit einen Mangel des Energiesatzes aus, daß dieser nichts zu einer Zielgerichtetheit auszusagen vermag. Der Energiesatz ist gegenüber Entwicklung völlig indifferent, wogegen der Wärmetod des Weltalls eine nicht zu leugnende Zeitspanne erzeugt, innerhalb der sich die Entwicklungsstadien aufreihen und deutlich voneinander unterscheiden lassen. Sehr früh schon kam den Naturphilosophen die Ahnung, daß einer in sich geschlossenen Welt etwas Statisches innewohnt, das sie tendenziell dem Verfall durch Abschlaffung ihrer Kräfte preisgibt. Das Böse war in dem metaphysischen Begriff der »causa deficiens« aufgehoben. Die Folgen seines Wirkens zeigten sich anfangs als Erlahmen, als einsetzender Verfall. Es ist ein Kunststück, wenn das begriffliche Synonym für diese Vision in etwas Positives umgewandelt werden konnte.

Teil 3 - Archäologisches

Mit diesem und dem nächsten Kapitel ist die Absicht verbunden, die Mehrschichtigkeit von Energie- und Entropiesatz kultur-archäologisch freizulegen. Beide sind mehr als nur Hauptsätze der Physik, sie repräsentieren vielmehr zentrale Argumentationslinien, die sich auch in allen anderen Disziplinen moderner Wissenschaft wiederfinden lassen. Die »Ausgrabungsorte« bleiben natürlich begrenzt. Ohne weiteres könnte der Spaten auch woanders angesetzt werden. Zur Sprache kommen soll die Darwinsche Revolution der Naturgeschichte als Spiegelbild der Wandlung der Perpetuum-mobile-Metapher (Kapitel 17) und die Freudsche »Thanatos«-Geschichte als Hinweis darauf, wie mächtig das Bedürfnis nach Determinanten einer Zukunftssicherung sein kann (Kapitel 18).

Charles Darwin
(1809-1882)

17. Der Teufel in der Geologie

Die Verbindung zwischen dem »Teufel in der Physik« einerseits und der Geologie und letztlich der Darwinschen Evolutionstheorie andererseits mag im ersten Moment weit hergeholt erscheinen. Bei näherer – wenn auch spezieller – Betrachtung liegt sie jedoch auf der Hand. Die Argumente sind schnell auf gezählt: Darwin beendete endgültig die wissenschaftliche Haltbarkeit eines in die Menschheitsgeschichte eingreifenden Schöpfergottes, d.h. er ermöglichte eine Naturtheorie, die ohne transzendentes Prinzip auskommen konnte. Damit ist allerdings nur die offiziöse Seite des Phänomens Darwin umschrieben, ei-

17. Der Teufel in der Geologie

ne Seite also, die allgemein anerkannt wird und zugleich das Selbstverständnis moderner Naturtheorie ausmacht: Die reine Immanenz der Gesetzlichkeit und ihre Erkennbarkeit. Doch ein genaueres Hinschauen (oder Hinlesen) offenbart erhebliche Schwierigkeiten Darwins mit Letzterem: Er muß künstliche Prämissen einführen, um seine Theorie mit den empirischen Gegebenheiten abzugleichen. Seine Bemühung um Anerkennung – die sehr schnell nachhaltigen Erfolg haben sollte – war mit einem Eingeständnis von Nicht-Wissen kontraindiziert. Um die Harmonie zwischen Natur-Bild und Natur nicht zu gefährden, baute er den Popanz des Anti-Katastrophismus auf, der in mancher Hinsicht dieselbe Rolle für die Geologie bzw. Biologie spielte wie das Perpetuum mobile für die Physik – ein künstlicher Riegel gegen den Verdacht des Nicht-Wissens.

Wo sich ein Konsens bezüglich des Wirkens immanenter in Ablösung eines Prinzips transzendent bestimmter Gesetzlichkeit durchsetzt, treten Schwierigkeiten und Legitimationsprobleme auf. Wie kann eine seit Jahrhunderten tradierte und die Beweisschuld auf den ersten Blick im wesentlichen bedienende, allgemein anerkannte Theorie hinsichtlich ihrer Erklärungskraft überboten werden? Welcher Ersatz wird für das traditionelle Heilserwarten geboten? Welche Versprechungen lassen sich hinsichtlich auszuschließender Gefährdungen für die Menschen machen? Die Darwinsche Evolutionstheorie stellt in diesem Sinne auch eine Transformation des naturtheoretischen Koordinatensystems dar, in dem aber ein erheblicher Anteil der Koordinaten weiterhin auf einen überkommenen Punkt konvergieren müssen: Den der Sicherheit des Menschen im Kosmos.

Rufen wir uns ins Gedächtnis zurück, was sich nach der Umdeutung des Begriffs Perpetuum mobile für Strategien erkennen ließen, die nun im Rahmen moderner Wissenschaft überkommen, geradezu zeitlosen Sicherheitsbedürfnissen zuarbeiten konnten. Eine mächtige Konjunktur hatte dieser Begriff in einer Interimsphase zu Beginn der Neuzeit. Er war die Formel des Kompromisses zwischen der Heilserwartung aus einem transzendenten Prinzip und dem Streben nach Autonomie und Selbstbestimmung: Die Weltmaschine war optimal eingerichtet und zugleich von ihrem Schöpfer abgenabelt. Dieser Kompromiß hatte eine entscheidende Schwachstelle. Die Weltmaschine war zwar auf Stabilität und Sicherheit ausgelegt, gab andererseits aber dem Menschen keine Chance zur Bestimmung oder Realisierung einer hausgemachten Utopie, obwohl doch gerade diese Idee durch die Autonomieerklärung der Weltmaschine in greifbare Nähe gerückt schien. Dabei ist zu vermerken, daß paradoxerweise »Utopie« und »Geschichtsphilosophie« nur solange im Schwange waren, wie auf Gott als eigentlichen Drahtzieher der Weltgeschichte Rücksicht zu nehmen war.

Mit dem Ende der Maschinenvorstellung für die Welt starb auch die Utopie – von der romantischen Epoche der Naturphilosophie einmal abgesehen. In diese Phase der Verzichtserklärung der Naturphilosophie auf die Entwicklung einer auf den Menschen bezogenen Ethik der Naturwissenschaften fällt auch die Transformation des Verständnisses vom Perpetuum mobile. In dem Moment, in dem das Prinzip »Gott« aus der Naturwissenschaft verschwand – und damit zugleich jede Möglichkeit, ein Heil aus der Naturgeschichte erwarten zu dürfen –, in dem Moment schlug auch die Bedeutung des Perpetuum mobile um, als wären die Menschen auf Gott angewiesen, um über einen Sinn in der Natur oder über sinnvolles Handeln mit der Natur nachzudenken. Das einzige Heil kam nun aus der Versicherung, daß in der absolut kausal bestimmten Naturgeschichte auf jeden Fall kein Unheil zu befürchten sei. Die Heilserwartung bestimmte sich also negativ, was einmal mehr auf die Lücke in der modernen Naturphilosophie verweist, die durch eine Ethik des Menschen hinsichtlich seiner Mittel und Ziele in der Naturwissenschaft zu füllen wäre. Das Credo des Naturwissenschaftlers ist sein Status als unbeteiligter Beobachter.

Zurück zu Darwin. Es ist keineswegs übertrieben zu behaupten, daß erst mit Darwin die Möglichkeit eröffnet wurde, Naturgeschichte endgültig von einem transzendenten Prinzip abzukoppeln. Historisch gesehen war sie das bis Darwin nicht einmal ansatzweise und dafür gibt es Gründe, die sie selber und gewissermaßen auch gegen ihr Programm geliefert hatte. Die vordarwinsche Naturgeschichte hat einen eigenartigen Prozeß der Dialektik der Aufklärung vollzogen. Obwohl sie durchaus bestrebt war, die immanenten Gesetze der Naturgeschichte zu entdecken und zu einem dichten Netz zu stricken, waren die Ergebnisse, also die Bilder, die von der Natur gezeichnet wurden, absolut indiskutabel für die Begründung einer von Gott unabhängigen Naturgeschichte. Die Vergangenheit der Erde erschien als eine Abfolge von Katastrophen und das war in eine Naturgeschichte, die wenigstens ansatzweise von einer gottlosen, aber zugleich ungefährdeten Menschheitsgeschichte zu erzählen hätte, nicht integrierbar.

Bis zu einem gewissen Grade ist der globale Katastrophismus vordarwinscher Naturgeschichte aus ihren Anfängen zu verstehen, die vollkommen im Zeichen eines fundamentalistischen Bibelverständnisses gestanden hatte. Die Sintflut war eine historische Tatsache und jeder Fund von Muschelablagerungen im Hochgebirge konnte als ihr Beleg freudig begrüßt werden. Man darf dabei aber nicht unterstellen, daß solche Funde nun herbeiinterpretiert oder zurechtgebogen wurden. Die Fundlage war für die damaligen Wissenschaftler eindeutig und schon sehr früh wurde deutlich, daß katastrophenindizierende Fossilfunde mehr als eine »Süntflut« anzeigten. Zu Beginn des 19. Jahrhunderts schien die Fundlage noch unmißverständlich auf eine katastrophische Naturgeschichte hinzuweisen:

> »Die imposante Tatsache einer allgemeinen Sintflut in nicht allzuferner Vergangenheit stützt sich auf so stichhaltige und unwiderlegliche Beweise, daß die Geologie, auch wenn wir niemals aus der Bibel oder sonst einer Quelle von einem solchen Ereignis erfahren hätten, von sich aus die Theorie von einer ähnlichen Katastrophe hätte zu Hilfe nehmen müssen, um das Phänomen diluvialer Vorgänge zu erklären, mit denen wir allenthalben konfrontiert werden und die ohne den Bezug auf eine verheerende Überschwemmung etwa zu jener Zeit, von der die Genesis berichtet, unverständlich bleiben würde« [Buckland; zit.n. Toulmin 1985, 193].

Katastrophismus im damaligen Sinn bedeutete den gefahrlosen Umgang mit der »historischen Tatsache«, daß eine Vielzahl von globalen Katastrophen die Erde heimgesucht habe. Diese – im Vergleich zu heute – mangelnde Scheu erklärt sich sehr einfach: Katastrophen boten sich als Agentien der verschiedenen deutlich voneinander geschiedenen Epochen mit dazwischenliegenden Zerstörungsschichten zwanglos an und waren zugleich ein unmißverständlicher Hinweis auf einen im Hintergrund obwaltenden Herrscher. Die Ausdeutung dieser Verbindung brachte die vordarwinsche Katastrophentheorie hervor, die die empirisch gesicherte Abfolge von Epochen der Erdgeschichte durch das Einwirken Gottes erklärte. Am Ende einer jeden Epoche werde der Gesamtbestand an Lebewesen in Flora und Fauna durch erdumfassende Katastrophen vernichtet und ein neuer »Zoo« geschaffen. Die Geologen bzw. Paläontologen nahmen ihre Funde ernst, sie sahen keine stetige Abfolge sich allmählich ineinander verwandelnder Arten, sondern abrupte

Georges Cuvier
(1769-1832)

Wechsel im Artenbestand mit Zerstörungsschichten als Grenze zwischen zwei Epochen. Mehr, oder – was die Zerstörungsschichten betraf – weniger als seine Kollegen sah Darwin auch nicht, er interpretierte die Funde lediglich anders, wobei er sich über das Ausmaß der Zerstörungen im Klaren gewesen sein muß; in seinem Buch »Reisen eines Naturforschers um die Welt«, das er bald nach Beendigung seiner Schiffsreise auf der H.M.S. »Beagle« veröffentlichte, schrieb er über seine geologischen und paläontologischen Beobachtungen:

> »Zunächst wird man unwiderstehlich zu der Annahme einer groszen Katastrophe getrieben; aber um hierdurch Thiere und zwar sowohl grosze als kleine im südlichen Patagonien, in Brasilien, auf der Cordillera, in

17. Der Teufel in der Geologie

Peru, in Nord-America bis hinauf nach der Behringstrasze zerstören zu lassen, müßten wir das ganze Gerüste der Erde erschüttern ... « [Darwin 1875, 199 f].

Eine Annahme, vor der die Großen der Naturgeschichtsschreibung wie Cuvier oder Buckland nicht zurückgeschreckt waren. Man muß allerdings den theologischen Kontext berücksichtigen, in dem solche Annahmen »gewagt« werden konnten. Katastrophen waren weder zufällig noch Begleiterscheinungen einer blindwütigen Natur. Was immer auch als die zunächst wirkende, innere oder äußere Ursache erscheinen mag, schrieb Reimarus 1802,

> »so war es doch kein blinder ungefährer Zufall und entstand auch nicht aus einem späteren Entschlusse des Schöpfers, etwas in seinem Werke zu verändern. Es gehören vielmehr diese Umwälzungen in den weislich entworfenen Plan der Schöpfung: Sie dienten zur weiteren Ausbildung der Erde und ihrer Bewohner. Es waren Vorbereitungen um Werkzeuge für empfindende und endlich auch für denkende Wesen hervorzubringen« [Reimarus 1802, 58].

Auch Buckland, anerkannter Kopf der geologischen Wissenschaft bis in die vierziger Jahre des 19. Jahrhunderts, sah das so:

> »Wenn wir entdecken, daß die sekundären Ursachen jene aufeinanderfolgenden Umbrüche nicht blind oder zufällig, sondern zu einem guten Ende hervorgebracht haben, so haben wir den Beweis, daß nach wie vor eine bestimmende Intelligenz das Werk fortsetzt, direkt einzugreifen und die Mittel zu kontrollieren, die er ursprünglich in Gang gesetzt hat.« [Buckland 1820, 18 f].

Hätte die vordarwinsche Geologie ihre Sicht der Naturgeschichte mit Hilfe der Maschinenmetapher zum Ausdruck bringen sollen, wäre ungefähr Folgendes dabei herausgekommen: Gott hat im Anfang keine fertige Weltmaschine geschaffen, sondern entwickelte den Prototyp Erde planmäßig zu einem für die dann noch zu schaffenden Menschen angemessenen reifen Produkt, indem er jeweils nach Auslauf eines Zwischenmodells Teile aus ihm herausnimmt und neue einbaut.

Es ist unbestreitbar, daß die vordarwinsche Ära auch ohne Katastrophen den heilsgeschichtlichen Aspekt in der Naturgeschichte hätte berücksichtigen können. Die Katastrophentheorie war aber ein Tribut an eine seriöse Interpretation der vorgefundenen Zeugen der Vergangenheit, die nun einmal Zeugnis über eine von gewaltsamen Ereignissen geschüttelte Erdgeschichte ablegten. Was machte Darwin mit diesen »Zeugen«?

Darwin veröffentlichte sein Buch zu einer Zeit, als die Katastrophentheorie bereits erheblich diskreditiert war, und zwar aus mehreren Gründen. Die gesammelten Informationen hatten sich zu einer Fülle angehäuft, daß diese mittlerweile nur noch auf einer zeitlichen Schiene von mehr als zwei Dutzend aufeinanderfolgenden Epochen und damit ebenso vielen Katastrophen unterzubringen waren. Ein Ergebnis, das »nur noch lächerlich« [Toulmin 1985, 196] anmutete. Desweiteren wurde die Katastrophentheorie erheblich durch die auch nach jahrzehntelanger heftiger

William Buckland
(1784-1856)

Ablehnung nicht mehr zu leugnende Tatsache diskreditiert, daß man eindeutig menschliche Artefakte zusammen mit ausgestorbenen Tieren fand. Das hatte man Gott nun wirklich nicht zugetraut.

Man könnte nun fragen, warum die theologisch orientierte Naturgeschichte nicht in der Lage gewesen ist, so etwas wie immanente Entwicklung hinzunehmen und die Anzahl der Katastrophen zu reduzieren und sie weiter in die Vergangenheit zu schieben? Dazu gab es, erstens, keinen Anlaß, und, zweitens, war Evolution mit dem unterschwellig mitschwingenden Maschinenmodell für die Welt nicht zu vereinbaren. Cuvier hatte nicht ohne Genugtuung festgestellt, daß für eine Variation der Arten »kein einziges Beispiel« in Form von Zwischengliedern in den Eingeweiden der Erde zu finden sei [Cuvier 1830, 106]. Was nun besagtes Maschinenmodell anbelangt, so war man der Meinung, daß Zeit wohl aufgrund der Bewegung der Maschine verstreiche. Daß es aber eine Geschichte infolge einer Variation der Maschinenelemente sein sollte, die die Gestalt der Maschine permanent zu neuen Qualitäten und ihre Bewegung zu neuen und unergründlichen Zielen führe, das war undenkbar. Der theologische Ballast in dieser Hinsicht war enorm. Es konnte nur eine Konstruktion der Maschine geben, in der die Menschen ihren optimalen Platz finden würden.

Darwin machte mit den Katastrophen Schluß, begründete – man muß tatsächlich sagen: also – eine Naturgeschichte auf der Basis weltimmanenter Gesetzlichkeit. Eine Katastrophe als »causa deficiens« hätte – und das ist der Kern von Darwins Anti-Katastrophismus – jede ateleologische Begründung der fortschreitenden Progression der Lebewesen mit der Zeit unmöglich gemacht, sie wäre der Teufel in der Geologie gewesen, der die Kette der Lebewesen durchschnitten und keinen Anhaltspunkt mehr für eine immanente Gesetzmäßigkeit ihres Wachsens und Fortschreitens geliefert hätte.

Darwins »Entstehung der Arten« war ein radikaler und zugleich den Affront vermeidender Versuch, die Kette der Lebewesen von den Uranfängen bis heute naturgesetzmäßig und ohne Finalitätsdenken zu rekonstruieren. Indem er den Zugriff Gottes nur für die Urschöpfung von einigen Wesen gelten ließ, sah er sich automatisch dem elementaren Problem gegenüber, wie die nun immanenten Gesetzen anheimgefallene Naturgeschichte durchschaubar gemacht werden konnte, ohne hinter die bibelkonforme Wissenschaft hinsichtlich der Vollständigkeit der Erklärung zurückzufallen. Er konnte nicht einfach sagen: Über diese oder jene Ursache wissen wir nichts (obwohl er solcherart Bescheidenheit pries); vielmehr mußte er eine lückenlose Kausalkette von der Vergangenheit bis zur Gegenwart vorlegen, sonst wäre sein Entwurf der Naturgeschichte nicht akzeptabel gewesen. Sein größtes

Handicap bestand in dem schier unlösbar anmutenden Problem, die mit einem Finalitätsprinzip geradezu verschwägerte Komplexitätszunahme der Lebewesen im Laufe der Naturgeschichte erklären zu müssen. Ich möchte jetzt zeigen, daß Darwin nicht umhinkam, in seiner Theorie der natürlichen Zuchtwahl ebenfalls ein wenn auch verdecktes Finalitätsprinzip zu etablieren. Sein Finalitätsprinzip bestand in der Voraussetzung, daß die natürliche Zuchtwahl,

»**wann und wo immer sich eine Gelegenheit bietet, an der Verbesserung der organischen und anorganischen Lebensbedingungen**« wirke.

Darwins kausale Erklärung für die zeitliche Entwicklung im Tier- und Pflanzenreich fußte auf einer Verknüpfung von Selektionsdruck durch den Überschuß an Lebewesen innerhalb einer Art und der Tatsache, daß deren Exemplare sich hinsichtlich der Überlebensfähigkeit stets unterschieden. Der Schluß lautet: Weil nicht alle geborenen Lebewesen innerhalb einer Art durchzubringen sind – denn die Ressourcen des Lebensraumes sind beschränkt – würden diejenigen überleben und sich vermehren, die im Kampf um die Ressourcen und die natürlichen Feinde Vorteile besäßen. Innerhalb dieser einleuchtenden Kausalkette hat ein Prinzip der Entwicklung zu steigender Komplexität ersteinmal keinen Platz, denn eine Entwicklung zu niederer Komplexität bedeutet keinen Widerspruch zum Prinzip der natürlichen Zuchtwahl, da es ohne weiteres möglich ist, aus einer Komplexitätsverminderung Vorteile abzuleiten.

Diese Überfrachtung des Prinzips der natürlichen Zuchtwahl wird bei Darwins Diskussion der Entstehung des Auges besonders deutlich, wo er einleitend zuzugeben bereit ist, daß das Zustandekommen des Auges samt allen seinen unnachahmlichen Einrichtungen durch die natürliche Zuchtwahl im höchsten Grade absurd erscheine. Und doch sei es durchaus annehmbar, daß alle winzigen Variationen des ersten lichtempfindlichen Nervs einen Selektionsvorteil besessen hätten, die jeweils von der natürlichen Zuchtwahl mit unfehlbarer Geschicklichkeit herausgelesen und zur Vermehrung freigegeben worden sei. Die

Annahme, daß jede Variation eines Augenansatzes einen Selektionsvorteil besessen haben müsse, ist eine gewaltige Hypothese, mit der seine Theorie allerdings steht oder fällt.

Selbst wenn es einen Entwicklungsgang gibt, dessen Stationen tatsächlich allesamt einen Selektionsvorteil besitzen, sieht man sich – allerdings erst nach heutigem Wissensstand – auf mikrobiologischer Ebene in ein unlösbares Problem verwickelt: Die Änderung nur eines sichtbaren Merkmals verlangt im allgemeinen die kooperative Änderung an vielen Erbinformationsträgern. Entweder man verlangt zwecks Einhaltung eines makroskopisch vorteilhaften Entwicklungsweges à la Darwin planvolle Variationen auf mikroskopischer Ebene, oder man bringt durch Übertragung des Spiels von Zufall und Notwendigkeit vom Großen ins Kleine die sichtbare Ebene völlig durcheinander.

Darwin war ein hervorragender Rhetoriker, wenn es darum ging, die Beweislast umzuverteilen: Obgleich die Annahme, daß ein so vollkommenes Organ wie das Auge durch natürliche Zuchtwahl entstanden sei, manchen stutzig mache, schrieb er, bestehe doch für kein einziges Organ die »logische Unmöglichkeit«, unter wechselnden Lebensbedingungen durch natürliche Zuchtwahl jeden denkbaren Grad von Vollkommenheit zu erreichen[7]. Auch wäre es doch kühn zu behaupten, so Darwin an anderer Stelle,

»daß keine brauchbaren Übergänge möglich seien, durch die sich (..) Organe schrittweise hätten entwickeln können«. Dennoch verstrickt sich Darwin in einen bedeutsamen logischen Widerspruch.

Ich hatte bereits betont, daß Darwin durch die Hypothese, die natürliche Zuchtwahl wirke immer nur zum Besten eines Wesens – wobei tausendmal das Beste im Einzelnen dann zusammengenommen immer noch das Beste sein muß – ein verdecktes teleologisches Prinzip einführte. Dieses Prinzip verschleierte Darwin, weil er vorwiegend auf

---

[7] Auch ein Befürworter der Möglichkeit eines spontanen Wärmeübergangs von kalt nach warm hätte mit dem Argument recht, daß ein solcher Vorgang von den Naturgesetzen her nicht unmöglich ist; er ist eben nur sehr unwahrscheinlich.

den momentanen Selektionsvorteil abzielt, aber die ganze zusammenhängende Kette der Progression der Lebewesen meint, die zwar in keinem logischen Widerspruch zu seiner natürlichen Zuchtwahl steht, aber eben nicht zwangsläufig aus ihr folgt.

> »Aus dem Kampf der Natur, aus Hunger und Tod geht also unmittelbar das Höchste hervor, was wir uns vorstellen können: die Erzeugung immer höherer und vollkommenerer Wesen« [Darwin 1981. 678].

Daß das Prinzip der natürlichen Zuchtwahl teleologisch unterlegt ist, erhellt aus dem logischen Widerspruch, den Darwin durch zwei einander widersprechende Aussagen über sein Zentralprinzip provoziert. Einmal betont Darwin den Selektionscharakter der natürlichen Zuchtwahl gegenüber bereits vorhandenen Varietäten, indem er diejenigen korrigiert, die da glauben,

> »die natürliche Zuchtwahl bringe Varietäten hervor, während sie doch nur solche Veränderungen festhält, die einem Organismus unter seinen Lebensverhältnissen nützen« [ebd., 122].

Er läßt also ganz ausdrücklich und bewußt den Mechanismus offen, der die Varietät – die also ausfallen mag, »wie sie will« – hervorbringt. Damit steht er vor einem ganz großen Dilemma. Je stärker die Artvarietät sich von den gewöhnlichen Exemplaren seines Stammes unterscheidet, desto weniger Schritte hin zum »höchsten und vollkommenen Wesen« sind nötig und desto wahrscheinlicher wird es auch werden, aber um so planvoller sieht dieser Entwicklungsgang auch aus. Darwin muß die Zielgerichtetheit also hinter dem mühseligen Aneinanderreihen von im einzelnen schon nützlichen Änderungen verstecken (und ist damit im übrigen schon notwendig gradualistisch). Entwicklungsschübe sind offen teleologisch, seine Akkumulation ist es nur verdeckt, denn er kommt um das Phänomen der Progression nicht herum.

17. Der Teufel in der Geologie

Nun fragt er – rhetorisch –, warum die Natur nicht vielleicht doch plötzlich einen Sprung von Struktur zu Struktur machen sollte? Und antwortet:

»Nach der Theorie der natürlichen Zuchtwahl erkennen wir klar, warum sie dies alles nicht tat. Die natürliche Zuchtwahl wirkt nur, indem sie aus den geringen aufeinanderfolgenden Veränderungen Nutzen zieht; sie kann nie einen plötzlichen Sprung machen, sondern schreitet in kurzen und sicheren, wenn auch langsamen Schritten vorwärts« [ebd., 265].

Einige Kapitel zuvor schreibt er noch, daß die natürliche Zuchtwahl nur die schon entstandenen Varietäten festhält, die einen Vorteil im Kampf ums Dasein besitzen. Zusätzlich behauptet er nun, daß die natürliche Zuchtwahl nur gegenüber geringen Veränderungen wirken könne. Je abrupter diese Änderung ist, desto zielgerichteter müßte sie ausfallen, um dem rekonstruierten Pfad der Höherentwicklung noch folgen zu können. Indem Darwin jetzt die natürliche Zuchtwahl selber zum Riegel wider heftige Variationen – als Ursache und als Folge – benutzt, beerdigt er die Frage, was zur Veränderung führen kann – und was es mit den Katastrophen auf sich hat, deren Indizien seine Lehrer so zahlreich in den Erdeingeweiden gefunden hatten.

Wie restriktiv diese Konstruktion gegenüber den vor Ort gefundenen Fossilien gewesen ist, wird durch den Umstand ersichtlich, daß Darwins allerwichtigste Hypothese, nämlich die der Lückenhaftigkeit der Fossilienzeugnisse, in dem Maße, wie er sie »verlangte«, nicht haltbar ist. Er konnte die Fossilfunde nicht mehr wörtlich nehmen und meinte, daß wir die Vollkommenheit unserer geologischen Urkunden immer überschätzten und so zu der falschen Annahme kämen, daß gewisse Gattungen oder Familien vor der Bildung einer gewissen Schicht nicht gelebt hätten, weil wir sie darin nicht finden. Daß die geologischen Urkunden lückenhaft seien, werde ja allgemein zugegeben, daß sie aber bis zu dem Grade unvollständig seien, wie es seine, Darwins, Theorie verlange, das räumten nur wenige ein. Ganz konsequent mußte die »edle Wissenschaft der Geologie« für Darwin an

Ruhm verlieren, denn sie verwalte nur eine als armselig zu betrachtende, durch Zufall und in langen Zwischenpausen zusammengebrachte Sammlung. Ohne diese Herabsetzung der Geologie wäre seine Behauptung, es hätte unzählige Formen zwischen den bekannten Varietäten gegeben, geradezu lächerlich gewesen. Der Paläontologe Steven M. Stanley schrieb 1982:

> »Seit Darwins Zeiten steht das Beweismaterial der Paläontologen (..) im Widerspruch zum Gradualismus. Dennoch wurde die Botschaft der Fossilienurkunden einfach übergangen – ein merkwürdiger Tatbestand und ein beachtenswertes Kapitel der Wissenschaft, das alle angeht, die sich mit der Fossilienforschung befassen« [Stanley 1983, 121].

Die moderne Paläontologie nähert sich zunehmend der Auffassung, daß es keine fortdauernde graduelle Entwicklung der Arten gegeben habe, sondern eine Abfolge langer Zeiträume morphologischer Stabilität, unterbrochen von Entwicklungsschüben innerhalb weniger tausend Jahre (entsprechend der Auflösungsgrenze der Altersbestimmung). Was die Ursachen für den Wechsel der Evolutionsgeschwindigkeit – oder Übergang von der Stabilität in die Evolution – ausmache, darüber herrscht keineswegs Einigkeit. Die »Punktualisten« sehen als Bedingung für Entwicklungsschübe die Isolierung kleiner bis kleinster Gruppen von Lebewesen, in denen durch quasi-inzestuöse Fortpflanzungsbedingungen Variationen viel schneller und auch stabiler als sonst fixiert werden können. Faktisch zu beweisen gebe es dabei aber nichts, denn diese Gruppen seien so klein, daß auf die Fossilierung eines der Exemplare nicht zu hoffen sei. Unklar ist auch, warum die Artvarietät nun stets in den alten Lebensraum einbrechen muß, um die unverändert gebliebenen Vorfahren auszurotten. Andere Paläontologen bringen die großen Aussterbeereignisse zwischen den Hauptepochen der Erdgeschichte mit globalen Katastrophen in Verbindung, die alte Stämme ausgerottet und Platz für neue gemacht hätten. Insbesondere der Wechsel von der oberen Kreide zur Tertiärformation ist durch das Verschwinden der Saurier und dem so gut wie schlagartigen Erscheinen der Säuger gekennzeichnet.

»Für die Geologen«, so Erle Kauffmann [1983], »ist es ein großer philosophischer Durchbruch, Katastrophen als eine normale Station in der Entwicklung der Erde anzunehmen.«

Dieser »Durchbruch« ist allerdings jüngster Natur. Der reine Gradualismus Darwins bleibt gegenüber den Fossilurkunden so gut wie hilflos, was nun nicht heißt, daß die modernisierten Evolutionstheorien etwa die rasanten Entwicklungsschübe im Griff hätten. Was über 100 Jahre einfach beiseite geschoben wurde, ist immer noch Gegenstand der Spekulation: Die fossilierten Arten, die man findet, sind stets »fertig« und bleiben, so wie sie sind, über einen langen Zeitraum stabil.

Darwin machte aber keinerlei Zugeständnisse an etwaige Erklärungsdefizite. Durch seine konsequente Verfolgung eines einmal eingeschlagenen Beweisschemas konnte er aus einer Kombination von Wissen und nun mal nicht zu änderndem Nichtwissen – etwa über fossile Zwischenglieder – eine zusammenhängende Kette der Lebewesen von der ersten Vergangenheit bis heute rekonstruieren. Bei diesem Projekt vermochte nur ein konsequenter Gradualismus und Anti-Katastrophismus jeden Ansatz teleologischer Hypothesen aus der Naturgeschichte zu verbannen. Während sich die organische Progression für die gläubigen Wissenschafter als eine logische Folge aus der Existenz Gottes darstellte, blieb sie für die Gradualisten ein inhärentes Problem, das nur durch die unendliche Zerstückelung dieser Progression in sinnfällige kleine Schritte unter die Schwelle der Aufmerksamkeit gedrückt werden konnte.

Der Anti-Katastrophismus Darwins war eine – allerdings nie direkt als solche angesprochene – Voraussetzung für seine gradualistische Erklärung der Entwicklung der Lebewesen. Zugleich war er auch eine Lustprämie, denn er befreite die Natur und damit den Menschen von den »Schöpfungsakten der Willkür« [Dove 1871]. Jedes Erklärungsdefizit hinsichtlich einer weltimmanenten Gesetzlichkeit drohte in die

Vorstellung einer willkürlichen Macht umzuschlagen, die so lange Eingriffsmöglichkeiten in die Welt hat, wie diese noch nicht umfassend an einen Kontrakt gebunden werden konnte. Die Interpretation von Perpetuum mobile und Katastrophismus wandelte sich strukturgleich. Obwohl die Weltmaschine auf Autonomie angelegt war, schloß der Inventorgedanke, der mit dem Maschinenbegriff verknüpft ist, einen Eingriff in die Maschine nicht aus, doch mußte dieser teleologisch begründet sein und letztendlich zum Wohle der Menschen ausgeführt werden. Indifferenz und Blindheit durfte es dabei nicht geben. In diesem Sinne wurden die erdgeschichtlichen Katastrophen als Eingriffe Gottes zur endgültigen Gestaltung einer für die Menschen optimal eingerichteten Welt interpretiert.

Die Darwinsche Theorie war eine Transformation des transzendenten Prinzips für die Evolution in ein weltimmanentes Gesetz und Katastrophen fortan der Fluchtpunkt des Unbehagens, Erdgeschichte aus natürlichen Ursachen nicht erklären zu können. Katastrophen waren unter Wegfall eines wohlgesonnenen Schöpfers a priori entsetzlich, und sie hätten die mühsam aufgebaute Kausalkette für die fortschreitende Progression der Lebewesen zerschlagen und erneut die Frage aufgeworfen, welches Prinzip trotz der erdgeschichtlichen Ein- und Umbrüche die unaufhaltsam erscheinende Weiter- und Höherentwicklung ermöglicht hat. Nirgendwo ist der Argwohn gegenüber transzendenten Prinzipen als Motor der Evolution so virulent wie in der Biologie. Jedes Eingeständnis, die Ursachen der Lebensentwicklung nicht zu durchschauen, öffnet Tür und Tor für die Wiedereinkehr teleologischer Hypothesen, als hätte eigenes Nicht-Wissen sofort das Wissen und die Macht eines unsichtbaren Geistes zur Folge.

Der Energieerhaltungssatz wurde mit der unbedingten Kausalität des Naturgeschehens ineins gesetzt und das Perpetuum mobile als Ursache der erschreckenden Folgen aufgebaut, die für den filigranen Weltenbau bei Außerkraftsetzung dieser Kausalität zu erwarten wären. Auch hier ist das Nicht-Wissen die wesentliche Kategorie. Auch das Perpetuum mobile ist ein Popanz, an den als unmöglich zu glauben die Illusion ermöglicht, zu wissen was wirklich ist und wie es geschieht. Das Perpetuum mobile ist ein künstlicher Riegel gegen das Eingeständnis des Nicht-Wissens.

Das gleiche galt für den Anti-Katastrophismus Darwins und seiner Nachfolger. Eine Übernahme der hergebrachten Katastrophentheorie unter gleichzeitiger Ablehnung der theistischen Mitgift hätte das Projekt der vollständigen Anbindung der Erdgeschichte an ein weltimmanentes Gesetz vor grundsätzliche Probleme gestellt. Der Paläontologe Stanley meint, daß Darwins Argument, die natürliche Zuchtwahl zeitige in unvorstellbar winzigen Schritten zwar jeweils nur eine schwache, aber über lange Zeiträume dennoch spürbare Wirkung, für seine Zeitgenossen eindeutig annehmbarer gewesen sei als die Alternative eines in den Fossilurkunden belegten schnellen Wandels.

»Hätte Darwin behauptet, die natürliche Selektion entfalte ihre stärkste Wirkung in kleinen Populationen (und damit die Chance bestritten, ihre Ergebnisse direkt in der lebendigen Natur oder indirekt im Fossilmaterial zu beobachten), hätten seine Argumente an Glaubwürdigkeit eingebüßt. Die Selektion wäre als gespenstischer Vorgang erschienen, der genau dort zum Tragen kam, wo man ihn aller Wahrscheinlichkeit nach nie zu Gesicht bekam« [Stanley 1983, 63].

So konnte Darwin seine Leser aber auf einen späteren Zeitpunkt vertrösten, zu dem die Paläontologie sämtliche Zwischenglieder auf allen Kontinenten ausgegraben haben würde. Was Stanley als »gespenstischen Vorgang« bezeichnet, die Wirkung der natürlichen Zuchtwahl in ja doch nie dokumentierbaren Kleinstpopulationen, wäre gewissermaßen das Perpetuum mobile der Biologie. Es wirkt im Unsichtbaren und konfrontiert den Menschen mit fertigen Ergebnissen, die zudem auch noch alle Indizien aufweisen, daß hier eine intelligente Macht planvoll am Werke gewesen sei. So betrachtet folgt auch die »grundlegendste Revolution der menschlichen Anschauungen nach Kopernikus« einem schon bekannten Schema. Die Illusion aufzubauen und zu nähren, daß der Mensch die Fülle der Welt mit einem Buch begreifen kann und in ihr – machtlos aber glücklich – aufgehoben ist.

18. Auf der Suche nach dem verlorenen Paradies

In dem wissenschaftlich begründeten Interpretationsschema der »Hauptsätze« liegt zweifellos etwas Epochales, etwa in der umfassenden Geste des Abtrennens der Welt von unkalkulierbaren Einbrüchen in ihr Gefüge, eine Geste, die sich auch auf den Menschen bezieht. Er entmündigt sich selber, indem er sich aus der Welt herausstellt und sich mit dem bloßen Erkennen zufriedengibt. Darin ist kaum noch jene Aufbruchsstimmung wiederzuentdecken, die den Aufbruch in die Moderne angeblich charakterisieren soll. Die Hauptsätze sind einesteils »negativ«, insofern dem Unbekannten der Eintritt verwehrt wird, anderenteils »positiv« indem eine Entwicklung, das Fließen von Zeit, garantiert wird. Spengler spricht bezeichnenderweise von einem »Ethos der Zeit«, als wäre die Bestimmung der Zukunft tatsächlich an ein Naturgesetz bzw. an eine physikalische Größe delegiert.

Solange die Welt noch eine Maschine war, konnte ihr ein – wenn auch von außen vorgegebenes – Ziel unterstellt werden. Es war Entwicklung zum endgültigen Heil der Menschheit. Die Ausreizung dieser Maschinenmetapher und ihr nachfolgender Untergang machte Evolution vom Ziel her grundsätzlich wieder offen. Darwin exekutierte diesen Untergang, aber wußte nur eine Möglichkeit für die Zukunft zu nennen: das Aufeinanderfolgen immer vollkommenerer Stadien der Menschheitsentwicklung. Das Paradies wurde nicht aus den Augen gelassen. Die beiden Hauptsätze konvergieren in dieser Hinsicht: Etwas Unberechenbares wird es nicht geben, und die Zukunft kann nur friedfertiger werden.

Unter der Hand müßte man eigentlich zugestehen, daß ein geschlossenes Netz von Ursachen und Wirkungen nicht verfängt, es gar nicht erst ausgeworfen werden sollte. Das betrachtete »System« ist immer offen – und sei es nur für eine Überraschung. Eine kausale Naturtheorie ist ein zum Scheitern verurteiltes Unterfangen – sofern es den Endzustand der Erfassung unter den gegenwärtigen Ansichten erstrebt. Wer sie dennoch versucht, muß offenbar künstliche Determinanten einführen, denn die vorweisbaren Ursachen reichen zur Ausrichtung des Prozesses nie aus. Das ist auch der Stand in der Molekularbiologie, die an sich Licht in die Dynamik der Evolution bringen sollte, aber ausreichende Gründe für den beobachteten Entwicklungsgang in der Natur nicht beizubringen vermag. Das Informationsdefizit wird durch künstliche Kausalitäten überbrückt: Der Gang in der Zeit wird ebenso künstlich. Da aber ein Gang in der Zeit unbestreitbar ist, kommt der zweite Hauptsatz gerade recht, um diesen sinnfällig zu machen.

Es wäre also zu fragen, ob nicht jede historische Wissenschaft ihren speziellen zweiten Hauptsatz hat, der eine Entwicklung erklären soll, die sonst nicht in den kausalen Griff zu bekommen wäre. Sofern jede Geschichte letztendlich Naturgeschichte ist, geht eigentlich kein Weg an der Entropie vorbei, wobei nicht zu vergessen ist, daß die »Wärmetodgeschichte« seitens der Physik endgültig ad acta gelegt worden ist. Aber noch Darwin, der Stammvater der Biologie und nicht zuletzt auch der modernen Menschheitsgeschichte, war dem Entropieprinzip und damit dem Wärmetod uneingeschränkt ausgeliefert. Doch er hat sich mit ihm, soweit ich es überblicke, nie direkt auseinandergesetzt. Was nicht unbedingt wundernimmt, war er doch auf die Erklärung der verstrichenen Zeit fixiert, und nicht auf die der noch anstehenden.

Was Darwin aber außerordentlich beunruhigt hatte, waren Thomsons Überlegungen und – schlimmer noch – Berechnungen zu dem möglichen Alter der Erde unter Berücksichtigung ihrer Abkühlung, die letztlich nicht durch die Sonneneinstrahlung kompensiert wird. Die Diskrepanz zwischen der von Darwin »geforderten« und der von Thomson »gewährleisteten« Zeit löste sich zu Lebzeiten Darwins nicht auf, sie wurde erst um die Jahrhundertwende zur Zufriedenheit der Darwinisten aufgelöst, als man die Theorie entwickelte, daß die Radioaktivität des Gesteins den zur Rettung der Äonen währenden Erdentwicklung nötigen Energienachschub liefern könnte.

Darwin blieb im Grunde nichts weiter übrig, als die verbreitete Interpretation des zweiten Hauptsatzes zu ignorieren. Er konnte das guten Gewissens tun, denn die Zeugen der Vergangenheit sprachen – wenn auch nicht direkt für ihn – so doch auf jeden Fall gegen die Apologeten eines zunehmenden Verfalls des Universums. Er proliferierte ein Entwicklungsprinzip, das die knallhart in den Gesteinsschichten dokumentierte Höherentwicklung eigentlich zu erklären hatte, das er aber nur künstlich und ohne innere Logik auf etwas einengte, was die Indizien lediglich spiegelt: Sein Prinzip der natürlichen Zuchtwahl sondere eben stets das relativ Vollkommenere aus. Sein »zweiter Hauptsatz« erfüllte denselben Zweck wie der der Physik. Darwins Einschränkungen für die Wirkung der natürlichen Zuchtwahl zur Erklärung der Progression in der Evolution und die schäbigen Verfallserscheinungen des Wärmetodes sind nur scheinbar gegensätzlich; beide Weltformeln garantieren die beruhigende Utopie einer friedfertigen Zukunft. Die Physik bzw. die Interpreten ihres Entropiesatzes mußten nur noch das Kunststück vollbringen, den Verfall in den Garanten einer katastrophenlosen Entwicklung umzuinterpretieren.

Es wurde auch Natur- und Menschheitsgeschichte geschrieben bzw. rekonstruiert, die im Auge ihrer Leser und Interpretatoren einen direkten Bezug zum zweiten Hauptsatz zu besitzen schien, von der Absicht ihres Autors aber einen ganz anderen Impetus besaß. Ich meine damit die »Thanatos«-Geschichte von Sigmund Freud und möchte das Ende dieser Geschichte hier schon vorwegnehmen. Es geht um Freuds Einführung des Todestriebes in seine Metapsychologie und die Wellen, die dieser Vorgang hervorgerufen hat. Der »Todestrieb« war für Freud das Bindeglied zwischen einer katastrophischen Menschheitsgeschichte oder Phylogenie und den individuellen Dispositionen zu den verschiedenen Formen der Neurose. Diese Formen, so Freud, seien ein Erbe der jeweils epochalen Reaktionen der Menschheit auf lebensbedrohende Umstände, und besagter Todestrieb ein Hinweis darauf, daß sich das neurotische Individuum zu weit nach »hinten«

orientiert, indem es Reaktionen erinnert und kultiviert, die die Menschheit unter Zwang bereits vor Äonen aufgegeben hat. Gelesen wurde diese Theorie (im wesentlichen von Freuds Schülern) aber ganz anders. Der implizit enthaltene Zeitpfeil von den gegenwärtigen Leiden zurück auf die katastrophendurchsetzten Epochen der Menschheit wurde um 180 Grad nach vorn in die Zukunft gedreht und der Todestrieb als Wunsch nach dem leid- (wenn auch reizlosen) paradiesischen Zustand in der Zukunft verstanden.

Diese »Thanatos«-Geschichte will ich deshalb ausführlicher erzählen, weil sie unmißverständlich deutlich macht, wie weit die aus dem zweiten Hauptsatz folgende Verfallstendenz umgebogen und zurechtgeschustert wurde für eine annehmbare und vor allem ertragbare Utopie.

Die Freudsche Rekonstruktion der Menschheitsgeschichte stand in keinerlei Zusammenhang zum zweiten Hauptsatz. Die Einführung des Todestriebes sollte eine Verbindung zwischen aktuellen Krankheitsbildern und vergangenen Realitätsbewältigungen der Menschheit angesichts einer grausamen Natur schaffen. Die apologetischen Interpretationen münzten den »Todes-Trieb« unter Zuhilfenahme des im Gedankengut der Gebildeten (und Halbgebildeten) frei umherflottierenden Wärmetod-Komplexes in ein zukunftsbezogenes Nirwana-Prinzip um, das den Menschen in das Paradies der Reizlosigkeit treibt. Dieser Um-Deutung lag vielleicht der unbewußte Wunsch zugrunde, den Ablauf der Zeit zu einer glücklichen Zukunft zu sichern – eigentlich ein Fall für die Psychoanalyse. Im Grunde genommen erscheint es geradezu absurd, daß ein Gutteil der damals ausgebildeten Psychoanalytiker mit dem Paradies, dem Nirwana, kokettierte, haben diese doch reichlich und sehr intim die Gelegenheit, die teils offenen, teils verdeckten Versuche ihrer Patienten zu beobachten, das Paradies zu erlangen und daran immer wieder katastrophal zu scheitern. Durch die Übernahme einer überinterpretierten Formel werden die Leiden ihrer Patienten, die es eigentlich zu heilen gilt, zu einer natürlichen Folge eines Weltgesetzes.

Was hatte nun Freud bewogen, die mit unangenehmen Assoziationsmöglichkeiten befrachtete Vokabel vom Todestrieb zu prägen? Die Antworten auf diese Frage eröffnen den Blick auf einen im Kern katastrophisch denkenden Freud. Ausgangspunkt zu seinen Überlegungen zur Triebhaftigkeit »Jenseits des Lustprinzips« war eine Anzahl von Beobachtungen, die sich allesamt nicht mit dem ansonsten wohlbegründeten Lustprinzip in Einklang bringen ließen. Warum wiederholten seine Patienten in der Analyse, aber auch im täglichen Leben die höchst unlustvollen Gefühlskonstellationen, die sie offenbar seit ihrer Kindheit nicht abgelegt hatten? Wieso regierte das Lustprinzip nicht in umfassender Weise? Und warum schienen seine Neurotiker letztlich nur die alten kindlichen Formen ihrer – gescheiterten – Lustbefriedigungen zu wiederholen? Wieso blieben sie zudem noch auf unterschiedlichen Entwicklungsstufen stehen, so daß der eine auf einem früheren, der andere auf einem späteren Stadium seiner »Libidofixierungen«, zu verharren schien? Das war für Freud das Problem der »Neurosenwahl«. Wieso also legen, zusammenfassend gefragt, die einen, die »Gesunden«, nach und nach die universell auftretenden (prägenitalen) Libidoziele ab und gehen zu neuen über, um schließlich mit der Pubertät sich den Menschen als Libidoziel auszusuchen, während die anderen in gewissen Situationen auf alte Libidoziele zurückgreifen?

Freud lehnte sich, wie F.J. Sulloway in seinem Buch »Freud – Biologe der Seele« [1982] auseinandersetzt, zur Erklärung dieser Dichotomie aus Evolution und Involution an eine »materialistische und kausal-historische Sicht des Lebens« seines Freundes Sandor Ferenczi an. Die Ontogenese, die Entwicklung des Individuums, folge keinem innewohnenden Entwicklungsdrang, sondern einem eher passiven Schema der Reaktionsbildung (und Verdrängung). Der ontogenetische »Fortschritt im Leben«, so Ferenczi, sei lediglich eine passive und aufgezwungene Wiederholung aller früheren Reaktionen der Vorfahren auf unlustvolle Eindrücke, die in der Ontogenese einer jeden neuen menschlichen Generation zwanghaft wiederholt werden müsse

[Sulloway 1982, 549]. Ferenczi skizzierte ein fünfteiliges Katastrophenszenarium, dessen letzter Akt, die Eiszeit, die »menschliche Rasse« zur Eindämmung des Sexualtriebes gezwungen habe, um den Fortbestand der Menschen unter den bedrängten Lebensumständen zu sichern, und deren phylogenetische Fixierung sich in der ontogenetischen Latenzzeit beim Menschen widerspiegele, in der die Sexualität jenseits der kindlichen polymorphperversen und vor der erwachsenen heterosexuellen zum Einschlafen komme.

In Anlehnung an Ferenczis Gedanken, mit dem Freud einen regen Briefwechsel führte, stellte sich ihm der ontogenetische Fortschritt in der Entwicklung zum Erwachsenenstadium dann ebenfalls als eine Wiederholung der Reaktionsbildungen auf Gefahren dar, die die menschliche Rasse durchgemacht und bewältigt hatte. Evolution – als Erfolg der organischen Entwicklung – sei »auf die Rechnung äusserer, störender und ablenkender Einflüsse (zu) setzen« [Freud 1982, 247]. Und weiter:

> »Das elementare Lebewesen würde sich von seinem Anfang an nicht haben ändern wollen, hätte unter sich gleichbleibenden Verhältnissen stets nur den nämlichen Lebenslauf wiederholt. Aber im letzten Grunde müßte es die Entwicklungsgeschichte unserer Erde und ihres Verhältnisses zur Sonne sein, die uns in der Entwicklung der Organismen ihren Abdruck hinterlassen hat« [ebd.].

Die konservativen organischen Triebe hätten jede dieser aufgezwungenen Abänderungen des Lebenslaufes aufgenommen, zur Wiederholung aufbewahrt und müßten so den täuschenden Eindruck von Kräften machen, die nach Veränderung und Fortschritt strebten, während sie doch bloß ein altes Ziel auf neuen und alten Wegen zu erreichen trachteten. Auch Freud hatte die Eiszeit – seinerzeit die einzige akzeptierte Version eines radikalen Eingriffs in den organischen Bestand der Erde – im Auge, um den phylogenetischen Niederschlag in die Disposition des libidinösen Haushalts zu demonstrieren. Insbesondere die toxische Wirkung der verdrängten Libido als Angst führte er an:

»Mit dem Einbruch der Entbehrungen in der Eiszeit wurden die Menschen ängstlich, sie hatten allen Grund, Libido in Angst zu verwandeln« [Sulloway 1982, 532].

Die Triebverdrängung schien damit zur organischen Wiederholung der jeweils historisch provozierten Triebverleugnungen zu geraten, die die Stationen der psychosexuellen Entwicklung der Menschheit markierten und ihr Überleben jeweils erst ermöglicht hätten.

»Der Kern des seelisch Unbewußten bildet die archaische Erbschaft des Menschen, und dem Verdrängungsprozeß verfällt, was immer davon beim Fortschritt zu späteren Entwicklungsphasen als unbrauchbar, als mit dem Neuen unvereinbar und ihm schädlich zurückgelassen werden soll« [Sulloway 1982, 536].

Das neurotische Leiden entsprach der Fixierung an ein libidinöses Stadium, das einst auch das der menschlichen Rasse charakterisiert haben müsse. Der Todestrieb wurde als Synonym dieser involutiven Dynamik eingeführt, läßt sich aber ohne den Aspekt der Realitätsforderung nicht verstehen. Erst weil sich der Mensch einer gemeinen Realität gegenüber sieht – und sie eigentlich zu bewältigen hätte, dieses aber manchmal nicht schaffe –, werden seine Ausweichmanöver zu einem »Fall«. Der Todestrieb ist kein evolutionäres Prinzip, er ist das Symptom einer Verweigerung.

Ehe wir jetzt auf die Interpretationen des »Todestriebes« im Rahmen des zweiten Hauptsatzes zu sprechen kommen, sollte noch einmal zusammengefaßt werden. Für Freud war das entscheidende dynamische Moment für die Möglichkeit einer Neurose die ererbte Reihe der überwundenen Formen der Triebbefriedigung der menschlichen Rasse. »Überwunden« hieß für Freud aber verdrängt. Verdrängung als Reaktion auf eine existenzbedrohende Situation für die menschliche Rasse war für ihn gleichbedeutend mit Fortschritt im kulturellen Sinne. Eine Zunahme des Zivilisationsgrades war stets durch eine neue Form der Triebverdrängung erkauft. Bei Lichte betrachtet, macht Freuds »Todestrieb« nur einen Sinn in Verbindung mit einer Verweigerung gegenüber den Forderungen der Realität. Dieser Begriff steht nicht für Evolution, sondern für Stehenbleiben trotz deutlicher Ansprüche der Realität an ein anderes Verhalten. Einen »Todestrieb« gab es nur wegen des Einwirkens einer variierenden Umwelt in die Schutzsphäre des trägen und die Realität leugnenden Menschen. Was wurde aus diesem Konzept gemacht?

Der Todestrieb wurde von den Interpreten in einem völlig anderen Licht gesehen. Er wurde nun wörtlich genommen und von etlichen Autoren mit dem zweiten Hauptsatz harmonisiert. Im Lichte des Entropieprinzips, »dem Schreckgespenst aller Optimisten« [Jones 1984, 327], sei der Todestrieb manchen Psychoanalytikern merklich schmackhafter geworden, und zwar »dank seiner respektablen Verbindung mit der Physik« [Sulloway 1982, 555]. Franz Alexander gehörte zu den ersten, die sich mit entsprechenden Vergleichen versuchten:

> »Der von Freud erkannte Todestrieb ist also der sich in der Psyche widerspiegelnde Ausdruck dieses allgemeinsten Naturgesetzes, des Entropiesatzes, indem er von dem labileren Lebenszustand zu dem stabileren des Todes drängt« [Alexander 1921, 283].

Der Tod, so Alexander, sei der Idealfall der Reizlosigkeit und als solches bedeute er das Nirwana, das Paradies [ebd., 278]. Für A.J. Westerman-Holstijn zeigte sich der Todestrieb, wörtlich zu nehmen, im Menschen um so stärker, je mehr sich feste Stoffe in den Zellen des Organismus gebildet hätten. Jede Zunahme von chemischen Bestandteilen in Blut und Gewebeflüssigkeiten, die einen gewissen tolerierten Grad übersteige und auch jede Zunahme ungewohnter Bestandteile in den Gehirnzellen, alles das müsse die Entropietendenz steigern. Endlich gebe es gewisse Formen der Neurose, die einer Heilung nicht zuzuführen seien und deswegen nur auf eine irreversible chemische Veränderung bestimmter Zellen im Hirn zurückzuführen sei [Westerman-Holstijn 1930, 213 ff]. Bernfeld und Feitelberg bemühten sich in ihrem Aufsatz »Der Entropiesatz und der Todestrieb« [1930] zu zeigen, daß auch bei der Aufrechterhaltung eines Triebdualismus von Eros und Thanatos die Einhaltung des Entropieprinzips gewährleistet sei, da die narzißtisch-destruktiven Triebanteile die potentiellen Reizquellen zu vernichten trachteten und die objektlibidinösen Triebanteile auf eine Verminderung der inneren Spannung hinarbeiten – beides Tendenzen, die aus dem Entropieprinzip abzuleiten seien.

Die zitierten Autoren verstehen unter dem Todestrieb ein psychoanalytisches Pendant zum Entropieprinzip als lebensbegleitendes Prinzip schlechthin. Das kulminiert in der Zielvorgabe »Nirwana« für das Wirken des Entropieprinzips, wobei es gerade diese Zielvorgabe ist, die den Psychoanalytiker stutzig machen müßte. Nicht mehr dem Verfall und dem Ausgleichen aller Differenzen gilt das Interesse, sondern der Sicherung eines Zustandes, der als vermeintlich verlorener Zustand für die Zukunft wiedergewonnen werden soll. Ein Zustand jenseits aller Gefährdungen, ein Zustand ohne Angst. Tatsächlich sind gerade die Personen, deren Suche nach einem angeblich verlorenen Paradies zu scheitern droht, die bevorzugten Patienten. Freud bezeichnete den Todestrieb als die Grundlage der Neurose, der es nach vorne auszuweichen gelte, wobei der Todestrieb seine Wirkungsmöglichkeiten verspielt hätte. Seine Interpreten verstanden unter dem Todestrieb die Triebfeder der Entwicklung, der es nichts entgegenzusetzen gäbe.

19. Außenseiterprobleme

Dieses letzte Kapitel beschäftigt sich mit einer Affäre, die gar nicht erst Gegenstand einer archäologischen Untersuchungsmethode werden kann, denn sie liegt offen zutage. Evolutionstheorie und Todestrieb passen in die Zeit, sie kommen zeitgemäßen Bedürfnissen entgegen. Es mußte »tiefer« gegraben werden, um das Geflecht von Antrieben und Bedürfnissen in gemeinsamen Wurzeln zusammenfließen zu sehen. Zuzeiten bringt Wissenschaft Theorien hervor, die keine Wurzeln in dem Nährboden schlagen können, der auch die moderne Form von Energie- und Entropiesatz hervorgebracht hat. Das werden vor allem Theorien sein, die in irgendeiner Weise gegen diese Konzepte verstoßen. Vielleicht ist das eine notwendige Voraussetzung für die Verweigerung, diese Theorien zu integrieren. Das allein ist jedenfalls nicht hinreichend. Es kommt mehr hinzu. Verfechter »verwegener« Theorien tragen von sich aus meistens noch etwas in die Debatte hinein, was aus ihr erst die Affäre macht und die Unintegrierbarkeit der Theorie zu besiegeln scheint.

Wilhelm Reich
(1897-1957)

Die Affäre »Wilhelm Reich« ist ein exquisiter Beleg für die These, daß ein »außerordentlicher« Wissenschaftler viel dazu beitragen kann, sich eigenhändig aus der »scientific community« herauszukatapultieren und im anschließenden Ringen mit ihr dann zu scheitern. Daß diese Affäre im Rahmen dieses Buches zur Sprache kommt, hat zweierlei Gründe. Der erste liegt auf der Hand. Reich versuchte eine neue Energieform zu etablieren, die Orgon-Energie. Außerdem berichtete er über Versuchsergebnisse, die dem 2. Hauptsatz zu widersprechen schienen, was ihn um so interessanter macht. Wenn man sich auf die Metapher vom Nährboden aktueller Zwänge und Bedürfnisse beschränkt, in dem entgegenstehende Theorien keine Wurzeln fassen können – und damit verdorren müssen –, so bliebe nur übrig, eine jener Geschichten verkannter Genies zu schreiben, von der die Untergrundliteratur der Perpetuum-mobile-Szene schon so viele geliefert hat. Das wäre nur die eine Hälfte der »Wahrheit«. Die andere Hälfte kommt hinzu, und die wurzelt und gründet sich in der Person Reichs bzw. seiner Schüler und Apologeten. »Außerordentliche« Wissenschaft verkommt schnell zum Außenseitertum, das wäre das vorweggenommene Fazit der Affäre Wilhelm Reich. Wir versuchen zu klären, inwieweit Reich selber – als Prototyp des Neuerers – dazu beigetragen hat.

Wilhelm Reichs Theorie der Psychopathologie bestand in einer besonderen Interpretation des menschlichen Energiehaushalts. Er war Energetiker, berief sich zumindest implizit auf das Konzept der Energieerhaltung, und es ist vorderhand überhaupt nicht einzusehen, daß er nach rund vierzigjähriger wissenschaftlicher Arbeit auf dieser Basis sowohl mit der scientific community als auch mit der breiten Öffentlichkeit in einen verbissenen Clinch geraten konnte. Hinzu kommt, daß er ein Erbe der Freudschen Theorie antrat, das hinsichtlich der mechanistischen Auffassung vom Leben als erzkonservativ zu bezeichnen ist: Die Erklärung der Psychopathologie des Menschen aus energetischen Fehlleitungen. Reichs Theorie war in vielerlei Hinsicht eine Ausarbeitung absolut systemkonformer Ansichten über die dynamischen Hintergründe des menschlichen Seelenlebens. Darauf soll näher eingegangen werden, denn es zeigt sich einmal mehr, daß auch die moderne dynamische Psychopathologie und -therapie einen Paradigmenwechsel erlebt hat, der mit dem in der Kosmologie, vertreten durch die Metapher vom Perpetuum mobile im Hintergrund, oder dem in der Naturgeschichte strukturgleich ist.

Nach der bisherigen Lektüre dieses Buches wird es niemanden mehr überraschen, wenn ich behaupte, daß besagter Paradigmenwechsel in der Austreibung transzendenter Heilkräfte bei der Psychotherapie bestanden hat. Dieser Übergang läßt sich beinahe anekdotisch erzählen [vgl. Ellenberger 1985, 89 ff]. Er läßt sich in der Auseinandersetzung zweier Zeitgenossen erkennen, dem Exorzisten Gassner und dem Arzt Mesmer, die beide für Wunderheiler gehalten wurden und sich gegenseitig befehdeten, weil sie entgegengesetzte Ansichten über die zugrundeliegenden Ursachen ihrer Heilwirkungen vertraten. Den modernen Leser mag es dabei amüsieren, daß den Kontrahenten gleichermaßen Erfolg beschieden war und dieser Erfolg hauptsächlich auf die Suggestivität der beiden von ihren Ansätzen völlig überzeugten Therapeuten zurückzuführen sein wird.

Joseph Gassner war Pater. Er führte seine Exorzismen in Gegenwart von Zeugen vor, wobei er darauf bedacht war, offensichtlich »natürliche« Krankheiten nicht zum Gegenstand seiner Therapie zu machen. Er unterschied gewissenhaft natürliche Krankheiten, die von einem Arzt zu heilen seien, von den übernatürlichen, welche durch Einwirkung des Teufels oder einer Hexe hervorgerufen und nur durch einen Exorzismus überwunden werden könnten. Gassner versuchte also zuerst herauszufinden, ob die Krankheit natürlichen oder übernatürlichen Ursprungs sei, indem er im Namen Jesu befahl, daß die Krankheit sich sogleich wieder zeigen solle, wenn in ihr etwas Unnatürliches sei. Wenn seine Patienten daraufhin die geschilderten Symptome – Krämpfe, Schmerzen, Delirien usw. – zeigten, war bewiesen, daß ein böser Geist am Werke sei, und er leitete die Heilung ein, indem er seine Macht über ihn demonstrierte. Gassner befahl seinen Patienten, verschiedene abnorme Symptome zu produzieren. Taten sie es, war seine Macht über den bösen Geist offenbar und er konnte ihn in einem kurzen Ritual austreiben. Eine Fülle von Protokollen und Augenzeugenberichten dokumentieren Gassners Heilerfolge. Gassners Tätigkeit wurde – selbst innerhalb der katholischen Kirche, die doch den Exorzismus für eine allgemein übliche und heilsame Praxis hielt – mit wachsendem Mißtrauen beäugt und er selber schließlich in eine kleine

Gemeinde versetzt, wo er 1779, über seine Behandlung bitter enttäuscht, starb.

Zu einer der vielerorts einberufenen Untersuchungskommissionen in Sachen des Gassnerschen Exorzismus wurde ein Dr. Mesmer berufen, dem der Ruf vorausgeeilt war, er könne seine Patienten mit Hilfe des »tierischen Magnetismus« heilen. Ähnlich den Berichten über Gassner wurde ihm nachgesagt, er könne bei seinen Patienten nach Belieben Symptome hervorrufen und wieder zum Verschwinden bringen. Zu Mesmers Heilmethode gehörte das Anbringen von Magneten auf dem Körper seiner Patienten, die er als Verstärker einer von ihm ausgehenden heilenden Kraft betrachtete. Seine Heiltätigkeit brachte ihm Bewunderer, aber auch Feinde ein, so daß er immer wieder gezwungen war, seine Praxis zu verlegen. Nacheinander bereiste er München, Wien und Paris. Hier wurde auch Mesmer »Opfer« einer von dem berühmten Chemiker Lavoisier geleiteten Untersuchungskommission, die herauszufinden hatte, ob seine – unstrittigen – Heilerfolge tatsächlich auf einem bislang unbekannten physikalischen Fluidum beruhen. Es ergaben sich keine Beweise, und die therapeutischen Wirkungen wurden der »Einbildungskraft« der Patienten zugeschrieben. Dennoch konnte Mesmer seine Praxis noch länger fortführen und eine Anzahl von Schülern um sich scharen, die sich jedoch über kurz oder lang von ihrem »Meister« lossagten und eigene Wege gingen. Mesmer selber zog sich in die Nähe seines Geburtsortes zurück und starb dort 1815, nachdem er sich mehr und mehr aus der Debatte zurückgezogen und sich zu einem ziemlichen Sonderling entwickelt hatte.

Den Tod Mesmers und den Beginn der wissenschaftlichen Laufbahn Wilhelm Reichs trennen rund 100 Jahre, ein Zeitraum, in der sich eine klinische Psychiatrie, die Psychoanalyse und mehrere konkurrierende Theorien der Psychopathologie des Menschen entwickeln konnten. Kommen wir auf den Paradigmenwechsel zu sprechen, den Mesmer exemplarisch in seinem Sieg über Gassner vorgeführt hat. Die Scheidung zwischen natürlichen und übernatürlichen Krankheitsursachen war obsolet geworden, Mesmers »tierischer Magnetismus« als heilendes Fluidum ausschließlich irdischer Natur, obwohl ihm Charakteristiken des Magischen anhingen. Ohne das Hilfsmittel der Austreibung transzendenter Einflüsse mußte sich auf Dauer ein methodisches Problem der Medizin verschärfen. Solange nämlich die Kategorie der Besessenheit Gültigkeit besaß, konnte die Ätiologie einen Bogen um mögliche »innerweltliche« Ursachen des geistig Anormalen machen. Geht diese Kategorie verloren, sind deren Ursachen innerhalb des Menschen oder aus Einwirkungen der Umwelt auf ihn zu finden.

Obwohl etliche Aspekte unter den Tisch fallen werden, möchte ich einen Zeitsprung machen, gleich bis ans Ende des 19. Jahrhunderts, um exemplarisch ein wissenschaftliches Modell von der menschlichen Psyche vorzustellen, an dem Reich sich später abarbeiten sollte. Innerhalb der Zeit, die übersprungen wird, hatte sich eine phänomenologische Psychopathologie herauskristallisiert, die sich gegenüber der Physiopathologie dadurch abgrenzte, daß für die zu beobachtenden Symptome eben keine Ursachen wie bei herkömmlichen und vor allem heilbaren Krankheiten des menschlichen Körpers zu ergründen seien. Diese Psychopathologie führte die Rubriken Hysterie, Neurasthenie, Melancholie, Phobie mit jeweils etlichen Unterabteilungen. Es ging um Ängste, wo keine furchteinflößende Situation vorlag, um Gliederschmerzen ohne rheumatisches Krankheitsbild, um Traurigkeit ohne Anlaß zur Trauer, um Schlafbedürfnis trotz Ausgeruhtsein und ausreichender Ernährung und dann um die Extremfälle geistiger Verwirrung, ohne daß der Patient um seinen Zustand wußte.

Für die Kategorie der Besessenheit war Ersatz zu schaffen, denn an sich unerklärliche Fälle verlangten nach ihrer Auflösung. Der Energieerhaltungssatz bot eine Lösungsmöglichkeit. Aber warum? Die Antwort muß etwas grobschlächtig ausfallen. Seit bekannt war, daß das für die physiologischen wie psychologischen Reaktionen des Menschen so wichtige Nervensystem auch einen Energieleiter oder sogar Energie(form)konverter darstellt, häuften sich die Versuche, die

Psychopathologie aus der Fehlleitung von Energiebeträgen im Nervensystem zu erklären. Fechner führte das Prinzip der Energieerhaltung in die Psychologie ein und formulierte ein Gesetz für die mathematische Beziehung zwischen der Erregungsintensität und der sich daraus ergebenden Empfindung.

Gustav Theodor Fechner
(1801-1887)

Der junge Freud lieferte einen erst nach seinem Tod veröffentlichten Aufsatz über energetische Fehlleistungen eines verallgemeinerten Nervensystems als Entstehungsursache der bekannten psychischen Abnormitäten. Dieser Aufsatz wurde durch einen »Ersten Hauptsatz« und einen »Zweiten Hauptsatz« strukturiert. Dieser Umstand setzte mich bei der ersten Lektüre in einige Verblüffung, denn sofort ergab sich doch die Frage, ob die beiden Hauptsätze der Thermodynamik bei dieser Namensgebung Pate gestanden hatten. Obwohl dem Text keinerlei direkte Hinweise auf diese Patenschaft zu entnehmen waren, besteht eine große Strukturähnlichkeit. Ich will darauf aber nur insoweit eingehen, als deutlich werden soll, welches Erbe Reich später, als Freud sein psychophysikalisches Konzept im wesentlichen aufgegeben hatte, antreten sollte.

Freud wollte nachsehen, »wie sich die Funktionslehre des Psychischen gestaltet, wenn man die quantitative Betrachtung, eine Art Ökonomie der Nervenkraft einführt« [Freud 1975, 107]. Seine »naturwissenschaftliche Psychologie« sollte auf der Untersuchung »quantitativ bestimmter Zustände aufzeigbarer materieller Teile« gründen und sie damit anschaulich und widerspruchsfrei machen [ebd., 305]. Die Gesamtheit dieser materiellen Teilchen bilde das Neuronensystem, das sich Erregungen von außen wie von innen durch motorische oder assoziative Abfuhr zu entledigen trachte, um die Gesamtheit der Erregungsquantitäten insgesamt immer auf einem niedrigen Niveau zu halten. Die Pathologie ergibt sich aus einer »falschen Bahnung« der Erregungen innerhalb von Soma und Psyche. Als Beispiel: Eine – somatische – Sexualerregung kann, wenn sie nicht erfolgreich abgeführt wird, in die Psyche wirken, dort Abwehr hervorrufen (denn wie soll sie hier auch verarbeitet oder abgeführt werden, wenn es sich doch um echte Energie handelt), was sich durch phobische oder Zwangsgedanken äußere. Das wäre natürlich ein reiner Indizienbeweis auf der Grundlage des Bilanzgedankens: Die Phobie wird ausgelöst und unterhalten durch nicht abgeführte Quantitäten sexueller Erregung. Umgekehrt vermutete Freud in der Hysterie eine Konversion unabgeführter psychischer Affektbeiträge in rein körperliche Symptome. Freud war von seiner Psychophysik streckenweise derart begeistert, daß er seinem Freund Fließ schreiben konnte:

»Es schien alles ineinander zu greifen, das Räderwerk paßte zusammen, man bekam den Eindruck, das Ding sei jetzt wirklich eine Maschine und werde nächstens auch von selber gehen« [ebd., 115].

Trotz dieser schönen Metaphorik Freuds spare ich es mir (und erspare es dem Leser), auf das Thema »Perpetuum mobile in der Psychophysik« einzugehen.

Obwohl Freud später kaum auf den Maschinenmenschen zurückgriff, sondern die Neurosenentstehung allgemein gattungsgeschichtlich zu erklären versuchte, blieb zumindest sein Libido-Begriff diesem physikalischen Konzept verhaftet und der Wunsch, die Psyche letztlich doch in physiko-chemischen Begriffen auflösen zu können, gewiß virulent. Zusammenfassend kann man über diese frühe Phase Freuds sagen, daß sie ganz dem Stil der Zeit entsprach. Hätte Freud seinen Entwurf zu Ende gebracht und veröffentlicht, er wäre bestimmt nicht aus der scientific cornmunity herausgekippt worden, wie es Reich später erlebte.

War Reich Perpetuummobilist, eine jener Gestalten, die Kräfte entfachen, um mit ihrer zerstörerischen Gewalt der Menschheit zu schaden? Das Ende von Reichs Leben, seine Verurteilung zu Zuchthaus, die Verbrennung seiner Bücher sowie die Zerstörung seiner Orgon-Akkumulatoren scheint dieser überspitzt rhetorisch formulierten Vermutung recht zu geben. Aber das ist nur die Hälfte der Wahrheit. Offenbar kann Ablehnung und Ausgrenzung, die absolut handelsübliche Begleiterscheinung des Wissenschaftsbetriebes sind und deren ätzende Wirkung möglicherweise nur durch eine ausreichende Portion Humor zu neutralisieren ist, zu einer Verhärtung und Vereinsamung des Einzelkämpfers führen, die ihn für den Normalmenschen unerträglich machen und ihn damit seiner potentiellen Basis berauben. So jedenfalls scheint es sich im Falle Reich abgespielt zu haben und es gibt – wenn sein Werk »gehoben« werden soll – keinerlei Rechtfertigung für Legendenbildung.

Vorderhand scheint Reichs Karriere im Dienste einer Fortsetzung des ursprünglichen Freudschen Programms einer »naturwissenschaftlichen« Psychologie gestanden zu haben. Reich verzichtete allerdings auf eine detaillierte Darstellung des physisch-psychischen Aggregats »Mensch«. Ihm genügte die Feststellung, daß auch das menschliche Leben seine Erfüllung in der periodischen Aufladung und Abgabe einer Lebens-Energie – eben der Orgon-Energie – erlebe. jede Charakterformation des Menschen erfülle zweierlei Funktionen:

> »Erstens die Panzerung des Ichs gegen die Außenwelt und die eigenen Triebansprüche, zweitens, ökonomisch, die Aufzehrung der durch die Sexualstauung erzeugten Überschüsse an sexueller Energie, also im Grunde die Bindung der ständig neu produzierten Angst« [Reich 1970, 95].

Reichs Therapie bestand vor allem in einer Hilfestellung für den Körper des Kranken, Ladung und Entladung der Lebensenergie vor allem im Geschlechtsakt ohne Widerstände erleben zu können. Er war, ähnlich wie Freud, von der Toxizität unabgeführter sexueller Energie überzeugt und betrachtete Angst als einen Affekt, der als neue Energieform die gestaute Sexualenergie ventilartig und zugleich unlustvoll aus dem Körper entläßt.

Im Unterschied zu Freud suchte Reich die Widerstände des Menschen gegen den gesunden Energiefluß in seinen körperlichen Symptomen, die dann ganz handgreiflich anzugehen waren. Freuds Therapie hingegen war Gedanken- und nicht Körperarbeit. Die Entscheidung über ein Nicht-mehr-Leiden von Freuds Patienten kam infolge eines Gesprächs; Reich war da mißtrauischer. Er machte statistische Untersuchungen über das Sexualempfinden seiner Patienten und stellte fest, daß fast durchweg die Ökonomie des Libidohaushaltes gestört war. Keiner seiner Patienten war in der Lage, sexuelle Energie lustvoll zu entladen. Übrig blieben Unlust und Angstreaktionen. Reich fand hier den Ansatz für eine bilanzmäßige Kontrolle des Grades psychischer Verkrüppelung: Wer in der Regel einen Erregungszustand lustvoll entladen kann, ist auch gesund. Die »Funktion des Orgasmus« ist das Leben, Leben ist periodische Ladung und Entladung von Energie.

Jenes »eisige Schweigen« seiner Berufskollegen, dem sich Reich nach einem Referat über die »Funktion des Orgasmus« gegenübersah, ist oft kolportiert worden und scheint einen Erklärungsansatz zu liefern, warum Reichs Odyssee einsetzen mußte: Er hatte allzusehr an dem Korsett gerührt, das auch die Psychoanalytiker sich zurechtgelegt hatten, um grundlegende eigene Charakterdeformationen nicht sehen zu müssen, um allzu großen Verletzungen des eigenen Narzißmus aus dem Wege gehen zu können. Ist das auch der Grund, weshalb seine Forschungen zur Orgon-Energie unbeachtet blieben oder abgelehnt wurden?

In seinem Buch »Der Krebs« schildert Reich ausführlich seine Experimente und seine Schlußfolgerungen, die in die Einführung der Orgon-Energie mündeten. Auch seine erklärten Gegner würden nicht bestreiten, daß Reich sorgfältig und systematisch gearbeitet hat. Andererseits – und das ist jetzt meine persönliche Meinung – hebt sich seine Theoriebildung zu mühelos von den bekannten und vor allem handhabbaren Theorien ab, die den Vorzug haben, zum Beispiel genaue meßtechnische Anweisungen geben zu können. Reich schildert sehr viele Experimente, die er wenigstens qualitativ in seiner Theorie der Orgon-Energie unterbringen kann, zum Beispiel seinen »Nachweis der orgonotischen Erstrahlung am Orgonenergiefeld-Messapparat« [Reich 1976, 162 ff]. Doch Reich läßt den »ordentlichen« Wissenschaftler mit der Frage allein, wie sich diese Experimente mit Hilfe der herkömmlichen Theorien erklären ließen. Ohne Frage wirken die Ergebnisse sehr »merkwürdig«, zum Teil sogar sensationell, aber die klare Herausarbeitung der Schnittstelle, wo die herkömmlichen Theorien (z.B. die Elektrostatik) versagen, wird unterlassen. Dem Leser bleibt nichts anderes übrig, als entweder diese Schnittstelle selber herauszuarbeiten oder Reich vertrauensvoll in das neue Gebiet zu folgen, nach dem Motto: Reich hat selber am intensivsten an der Sache gearbeitet und er wird schon beurteilen können, ob die Grenzen der herkömmlichen Theorien überschritten sind.

Diese Ungewißheit besteht aber nicht in allen Fällen. Reich hat ausführliche Meßreihen über ein thermodynamisches Phänomen durchgeführt, die tatsächlich den Schluß auf eine neue Energieform nahelegen. Reich wies in zahlreichen verschiedenen Versuchsanordnungen eine Temperaturdifferenz zwischen dem Inneren eines Orgon-Akkumulators und der Umgebungsluft nach. Diese Temperaturdifferenz muß – auch nach herkömmlichem Verständnis – durch die permanente Absorption von Energie in dem Akkumulator und deren Umwandlung in Wärme (die dann aufgrund der Temperaturdifferenz nach außen abfließen wird) zustandekommen. Da Reich die Versuche so durchführte, daß eine Absorption elektromagnetischer Strahlung auszuschließen ist, muß tatsächlich eine neue Strahlungsform im Spiel sein. Nebenbei bemerkt liegt hier keine Verletzung des zweiten Hauptsatzes vor, denn der Orgon-Akkumulator ist für Orgonenergie ein offenes System und die Temperaturdifferenz ergibt sich nicht spontan, sondern aufgrund eines ständigen Energie-Inputs. Nur wenn man sich dieser Interpretation verschließt, kommt man auf den Gedanken, daß hier ein grundlegendes Naturgesetz verletzt scheint, was aber keinesfalls zu erwarten sei und deshalb ein Fehler in der Meßanordnung vorliegen müsse.

Die jahrzehntelange Arbeit von Reich hat sehr viele Ansätze geliefert, die es rechtfertigen, eine neue Energieform zu unterstellen und ihre systematische Erfassung in Angriff zu nehmen. Reich hat sich dieser Aufgabe nicht in letzter Konsequenz gestellt, sondern aufgrund von – harten – Indizien eine neue kosmische Weltsicht errichtet, die es dem Leser unmöglich macht, Reich und den Rest zu vereinbaren, es heißt: entweder Reich oder gar nichts. Ich möchte dieses Urteil anhand meiner Leseerfahrungen mit Reich illustrieren. Ich empfand seine schriftlichen Synthesen als außerordentlich abstoßend. Das ging so weit, daß ich fieberhaft zu überlegen begann, wie man zeigen könnte, daß Reich verrückt gewesen sein muß, als er das geschrieben hatte. Ich hatte das Gefühl, daß ich dem Text, hier: »Äther, Gott und Teufel«, entweder gläubig folgen oder ihn in die Ecke werfen müßte. Es dauerte gut 100 Seiten, bis ich zu überlegen begann, warum meine Reaktion so überaus emotional ausgefallen war. Ich vertiefte mich also in die Lektüre seiner Bücher über Krebs und die Charakteranalyse und empfand neben der immer noch starken Antipathie echte Bewunderung für seinen scharfen Blick für wichtige Details, seine Auffassungsgabe und die Unermüdlichkeit, mit der Reich seine Ergebnisse immer wieder in Frage stellte und analysierte. Während ich seine Analysen verschlang, stießen mich die Synthesen ab. Mir kam es so vor, als wäre das Reich'sche schriftliche Opus eine Reaktion darauf, daß ihm seine Bereitschaft, sich auf die Phänomene einzulassen, außerordentlich übelgenommen worden ist. Kein Analytiker hat so hemmungslos Material gesammelt und ausgewertet wie Reich. Seine biophysikalischen Experimente, jahrzehntelang ohne Unterstützung und Anerkennung durchgeführt, sind Meisterwerke geduldiger und sich selbst mißtrauender wissenschaftlicher Arbeit.

Die Kollegen schienen ihn für diese Agilität regelrecht gehaßt zu haben. Gleichzeitig ist Reich Opfer seiner eigenen Offenheit geworden. Zum Schluß hat er seine Arbeitshypothese zu einer absoluten Struktur umgewandelt. Paranoia, Schizophrenie, Masochismus, Narzißmus, das alles wurden Symptome eines einzigen Umstandes: dem quantitativ falschen Umgang mit der Orgonenergie, die Reich allein zu durchschauen schien. Diesen Anspruch hat er – nicht zuletzt in seinen Büchern – vor sich hergetragen und machte sich damit selber zum Magier vor seinem gläubigen oder unwilligen Publikum. Seine Gegner haben diese Selbstdarstellung freudig aufgegriffen und ihn darüber kaltgestellt [vgl. Jacoby 1985, 100 ff].

Das Phänomen Reich ist komplex, es ist so schwierig, das Starke vom Schwachen zu trennen. Reich hat sich auf Phänomene in einer Art eingelassen, die bei seinen Kollegen offensichtlich Aversionen hervorgerufen hat. Nur vordergründig spielten dabei die Gegenstände die Rolle des Kreuzweges. Der eigentliche Grund für die anfänglichen Anfeindungen war sein tiefes und kompromißloses Eindringen in die Materie. Daß Reich vor allem und explizit Arbeitshypothesen aufstellte, haben seine Kollegen nicht begriffen. Sie ekelten sich vor den notwendig klobigen und schiefen Bildern, die Reich zur Illustration seiner Hypothesen einführte. Wissenschaftler gehen von sanktionierten Bildern aus, deren Gehalt sich mit zunehmender Zeit und Intensität ihrer Verwendung verabsolutiert und zur Wahrheit wird. Neue Bilder sind ungelenk, sie stechen in ihrer Vorläufigkeit unangenehm in Auge und Ohr: Soll darin die Wahrheit bestehen, in diesen mit schrillen Farben und überbetonten Perspektiven hingeworfenen Begriffen und Bildern? Daß es soweit überhaupt kommen kann, liegt in der allgemeinen und fortschreitenden Amnesie hinsichtlich des Wahrheitsgehaltes konsensgetragener Bilder. Bei genauerer Betrachtung würden auch sie ihre Fragwürdigkeit, weil Vorläufigkeit und Begrenztheit in sich tragend, ebenso kraß zur Schau stellen können, was ja nur auf die Begrenztheit des Gültigkeitsbereiches einer Theorie hinweist, die kein Mangel ist, sondern mindestens eine Herausforderung und zugleich auch ein Anlaß zur Bescheidenheit gegenüber den Phänomenen.

Bei der Beschäftigung mit der »Affäre Reich« wußte ich mir hier letztlich nicht anders zu helfen, als durch den persönlichen Eindruck als eher normaler Wissenschaftler die »Schuldzuweisungen« vorzunehmen. Das war nicht einfach. Einerseits begeisterte mich Reich wirklich, andererseits stieß er mich als Person sehr stark ab. Kann man daraus ein Urteil ableiten? Aus meinen Erfahrungen mit anderen Affären und anderen Persönlichkeiten kann ich das hier unterbreitete Urteil allerdings erhärten. Die Fronten zwischen ordentlicher und außerordentlicher Wissenschaft – und die richten sich doch immer zwischen Personen und nicht zwischen Theorien auf – ergeben sich zwar aus einer Auseinandersetzung über Theorien und Fakten, aber sie enden meist in einer persönlichen Auseinandersetzung. Der außerordentliche Wissenschaftler igelt sich ein, vielleicht wird er dazu von den anderen getrieben, denn wer erträgt auf Dauer schon ohne Schaden zu nehmen geballte Ignoranz oder sogar persönliche Anfeindungen als Überreaktion auf einen gut gemeinten Versuch zur Debatte? Aber diese Einigelung verhärtet die Fronten irreversibel. Oftmals ist das Endstadium des Neuerers die absolute Kauzhaftigkeit, das Nicht-mehr-Zuhören-können in Verbindung mit überzogenen Schmähungen der Vertreter der ordentlichen Wissenschaft, die es ungleich leichter haben, ihren Standpunkt zu wahren, denn er ist nun einmal die „Wahrheit".

Nach der Niederschrift dieses Kapitels geriet mir ein gerade erschienenes Buch über Reich in die Hände, aus dem ich einige Passagen als Abschluß zitieren möchte, denn sie illustrieren sehr eindringlich das menschliche Problem, das mit »außerordentlicher Wissenschaft« verbunden ist, und über dessen Fallstricke viel zu oft die Apologeten beider Seiten zu fallen scheinen.

»Im Namen des Mutes, an die Wurzeln zu gehen, erwartete Reich, daß sich Menschen vorab seiner Auffassung unterwarfen. Er konnte sich eine bona-fide-Meinungsverschiedenheit oder einen Einwand in gutem Glauben schlechterdings nicht vorstellen. Da er die Wahrheit entdeckt hatte, gab es keinen Raum für Zweifel an ihr oder an ihm – er unterschied kaum zwischen beidem. (...) Was ihn anbelangte, lief seine Strenge, sein Beharren darauf, alles zu sagen, in Wirklichkeit auf nicht weniger als eine Prüfung der Anständigkeit hinaus. Er wollte sichergehen, daß sie nicht »bloße« Konvention sei: er mußte sie auf die Probe stellen. Er konnte sie nicht einfach als gegeben hinnehmen, konnte sie nicht erfahren, ohne sie zuerst geprüft zu haben. Vielleicht fürchtete er sie. Diese Weigerung, den Konsequenzen von Verweigerung ins Auge zu schauen, (...) die das Recht auf Opposition und Kritik untergräbt, übt Faszination aus, da sie vollständige Sicherheiten zu bieten scheint. Sie hat die Antworten. Die auf den ersten Blick überzeugenden Antworten können überaus attraktiv sein in einer Welt, die einen ständig daran erinnert, daß niemand einem sagen wird, was man sich selbst sagen muß, wo es wenig offenkundige grundsätzliche Übereinstimmung über irgend etwas gibt, selbst über die elementarsten Angelegenheiten, wie etwa den Unterschied zwischen Freiheit und Sklaverei oder zwischen Aggression und Selbstverteidigung, wo Menschen Angst haben zu glauben, was sie mit den eigenen Augen sehen können, und sich so über das schämen, was sie denken – und wo, als Ergebnis, die ständige Gefahr besteht, daß die entscheidenden Unterscheidungen in einem Krieg getroffen werden müssen, weil sie nicht getroffen werden können, wenn es zwar wenig Feindschaften, aber keinen Frieden gibt« [Raditsa 1987, 14 ff]

Literatur

Das Literaturverzeichnis umfaßt neben den zitierten auch einige weitere Titel, die für das Thema von Interesse sind.

A

Alexander, Franz (1921): Metapsychologische Betrachtungen; in »Internationale Zeitschrift für Psychoanalyse« VII
Arnheim, Rudolf (1979): Entropie und Kunst; Köln
Auerbach, Felix (1902): Die Weltherrin und ihr Schatten; Jena

B

Bernfeld, Siegfried und Feitelberg, Sergei (1930): Der Entropiesatz und der Todestrieb; in »Imago« XVI
Binswanger, Hans Christoph (1985): Geld und Magie; Stuttgart
Bloch, Ernst (1978): Die Lehren von der Materie; Frankfurt a.M.
Blöss, Cathrin (Ms 1988): Schwierigkeiten mit der Geschichtsphilosophie im Werk Johann Karl Wezels; Berlin
Blöss, Christian (1983): Empirische Temperatur und Entropie; Berlin
▫ (1985): Der Entropie-Begriff; Bonn
▫ (1986): Facing Some Problems with Entropy; in Kilmister, C.W. (ed.): Disequilibrium and Self-Organisation; Dordrecht
▫ (1987): Maschinenkinder - Über die Beziehung zwischen Angst und Naturwissenschaft; Berlin
Blumenberg, Hans (1974): Säkularisierung und Selbstbehauptung; Frankfurt a.M.
▫ (1975): Die Genesis der kopernikanischen Weit; Frankfurt a.M.
▫ (1986): Lebenszeit und Weltzeit; Frankfurt a.M.
Boltzmann, Ludwig (1982): Ausgewählte Abhandlungen; Gesamtausgabe Bd. 8, Braunschweig,Wiesbaden
Brinkmann, D. (1954): Das Perpetuum mobile - ein Sinnbild abendländisehen Menschentums; in »Nova Acta Paracelsica« VII, Einsiedeln
Broda, Engelbert (1982): Boltzmann und Darwin; in Boltzmann (1982)
Brügge, Peter (1987): Da ist Verschwörung; in »Der Spiegel« 16
Brush, Stephen G. (1967): Thermodynamics and History; in »The Graduate Journal« VII,2
Buckland, William (1820): Vindicae Geologicae; Oxford

C

Carnap, Rudolf (1976): Einführung in die Philosophie der Naturwissenschaft; München
Caspari, O. (1874): Die Thomson'sche Hypothese von der endlichen Temperaturausgleichung im Weltall beleuchtet vom philosophischen Gesichtspunkt; Stuttgart
Carnot, Sadi (1909): Betrachtungen über die bewegende Kraft des Feuers; »Ostwalds Klassiker der Exakten Wissenschaften« Bd. 37; Leipzig
Classen (1910): Das Entropiegesetz; Godesberg
Clausius, Rudolf (1921): Über die bewegende Kraft der Wärme; »Ostwalds Klassiker der Exakten Wissenschaften« Bd. 99; Leipzig
Cuvier, Baron G. (1830): Die Umwälzungen der Erdrinde; Bonn

D

Darwin, Charles (1875): Reise eines Naturforschers um die Welt; Stuttgart
- (1981): Die Entstehung der Arten; Stuttgart

Descartes, René (1965): Die Prinzipien der Philosophie; Hamburg

Dove, A. (1871): Was macht Darwin populär?; in »Im Neuen Reich« 1,2; Leipzig

Dircks, Henry (1986 reprint): Perpetuum mobile; Amsterdam

Dülmen, Richard (1977): Der Geheimbund der Illuminaten; Stuttgart / Bad Cannstatt

E

Elkana, Yehuda (1974): The Discovery of the Conservation of Energy; London

Ellenberger, Henry F. (1985): Die Entdeckung des Unbewußten; Zürich

F

Feldhaus, Franz Maria (1910): Ruhmesblätter der Technik; Leipzig

Fenichl, Otto (1935): Zur Kritik des Todestriebes; in »Imago« XXI

Fischer, Arthur (1987): Erfinden – vom Problem zur Idee, zum Patentamt; in »Handbuch für Erfinder und Unternehmer«, Düsseldorf

Freud, Sigmund (1975): Aus den Anfängen der Psychoanalyse 1887-1902; Frankturt a. M.
- (1982): Jenseits des Lustprinzips; in »Studienausgabe« III, Frankfurt a. M.

Friede, Dieter (1959): Das Russische Perpetuum mobile; Würzburg

Fritz, Siegfried (1938): Das Perpetuum mobile gestern und heute; Bem

G

Georgescu-Roegen, Nicholas (1976): Energy and Economic Myths; New York
- (1981): The Entropy Law and the Economic Process; Cambridge / London

Gerber, Paul (1889): Die räumliche und zeitliche Ausbreitung der Gravitation; in »Zeitschrift für Mathematische Physik« XLIII, 93

Gerlach, Walther (1942): J.R.Mayer; Beilage zu Heft 2, Verlag der DPG, 3. Reihe, 23. Jahrgang

Gutberlet, Konstantin (1882): Das Gesetz von der Erhaltung der Kraft und seine Beziehungen zur Metaphysik; Münster

H

Haeckel, Ernst (1903): Die Welträthsel; Bonn

Hartmann, M. (1942): Das Gesetz der Erhaltung der Energie in seiner Beziehung zur Philosophie; in Putsch (1942)

Hausen, Karin und Nowotny, Helga, Hrsg. (1986): Wie männlich ist die Wissenschaft?; Frankfurt a.M.

Helm, Georg (1898): Die Energetik; Leipzig

Helmholtz, Hermann von (1889): Über die Erhaltung der Kraft; »Ostwalds Klassiker der Exakten Wissenschaften« Bd. 1, Leipzig
- (1903): Vorträge und Reden; Braunschweig

Hennemann, Gerhard (1975): Grundzüge der Geschichte der Naturphilosophie und ihrer Hauptprobleme; Berlin

Hickson, 1.W.A. (1900): Robert Mayers Auffassung des Causalprinzips und

Begründung des Prinzips von der Erhaltung der Energie; Halle a.d. Saale
Hilscher, Gottfried (1981): Energie im Überfluß - Ergebnisse unkonventionellen Denkens; Hameln
- (1986): Beitrag in »Sonnenenergie« 3/86

I

Ichak, Frida (1907): Aus dem Haushalt der Natur – die Lehre von der Energie; Berlin / Leipzig
- (1914): Das Perpetuum mobile; Leipzig

Inge, William Ralph (1933): God and the Astronomers; London / New York / Toronto

J

Jacoby, Russell (1985): Die Verdrängung der Psychoanalyse; Frankfurt a.M.
Jones, Ernest (1984): Sigmund Freud - Leben und Werk; Bd.III, München

K

Kant, Immanuel (1956): Kritik der reinen Vernunft; Wiesbaden
Kauffmann, Erle (1983); in Lewin (1983)
Kelsen, Hans (1939): Die Entstehung des Kausalgesetzes aus dem Vergeltungsprinzip; in »The Journal of Unified Science« VIII, 1-3, The Haque
Kernert, Thomas (1985): Das Perpetuum mobile – Geschichte eines phantastischen Irrtums; in »gehört gelesen« XXXII, 10, München
Klemm, Friedrich (1954): Technik – eine Geschichte ihrer Probleme; Freiburg / München
- (1966): Vom Perpetuum mobile zum Energieprinzip, in »Veröffentlichungen des Forschungsinstitutes des Deutschen Museums für die Geschichte der Naturwissenschaft und Technik«, Reihe A, Kleine Mitteilungen, Nr. 17

Knizia, Klaus (1986): Das Gesetz des Geschehens; Düsseldorf / Wien
Koch, Werner (1964): Erfindergeist auf Abwegen; Düsseldorf / Wien
Küppers, Bernd-Olaf (1986): Der Ursprung biologischer Information; München / Wien

L

Leibniz, Gottfried W. (1906): Nachgelassene Schriften, Ernst Gerland Hrsg.; Leipzig
- (1982): Fünf Schriften zur Logik und Metaphysik; Stuttgart
Lepenies, Wolf (1978): Das Ende der Naturgeschichte; Frankfurt a.M.
Lewin, Roger (1983): Extinctions and the History of Life; in »Science« 221, 2.Sept.

M

Mach, Ernst (1909): Die Geschichte und die Wurzel des Satzes von der Erhaltung der Arbeit; Leipzig
Marquard, Odo (1980): Der angeklagte und der entlastete Mensch in der Philosophie des 18. Jahrhunderts; in »Studien zum 18. Jahrhundert« Bd. 3
Marut, Ret (1920): Die Zerstörung unseres Weltsystems durch die Markurve; in »Der Ziegelbrenner« IV,20/21/22, München
Mauthner, Fritz (1923): Wörterbuch der Philosophie; Bd. 1, Leipzig
Mayer, Robert (1911): Die Mechanik der Wärme; »Ostwalds Klassiker der Exakten Wissenschaften« Bd. 180, Leipzig

Meyer, M. Wilhelm (1902): Der Untergang der Erde und die kosmischen Katastrophen; Berlin
Michal, Stanislav (1981): Das Perpetuum mobile gestern und heute; Düsseldorf
Moszkowski, Alexander (1928): Interessante Hypothesen; in »Reclams Praktisches Wissen«; Stuttgart

N

Nieper, Hans (1982): Revolution in Technik, Medizin, Gesellschaft; Gehrden
Nigg, Walter (1986): Das Buch der Ketzer; Zürich
Novalis (1981): Werke – Studienausgabe; München

O

Ord-Hume, Arthur W.J.G. (1977): Perpetual Motion - The History of an Obsession; New York
Ostwald, Wilhelm (1912): Die Energie; Leipzig

P

Paul, Jean (1928): Ist die Welt ein Perpetuum Mobile?; Sämtliche Werke Bd. 1; Weimar
- (o.J.): Dämmerungen für Deutschland; Hanser-Ausgabe Bd. 5
Physikalisches Lexikon (1858), Marbach, Oswald und Cornelius, C.S., Hrsg.; Leipzig
Planck, Max (1975): Vorträge und Erinnerungen; Darmstadt
Pius XII (1951): Die Gottesbeweise im Lichte der modernen Naturwissenschaft; Berlin
Pollack, Friedrich (1913): Das Gesetz von der Erhaltung der Energie und der christliche Glaube; Köln

Prigogine, Ilya und Stengers, Isabelle (1981): Dialog mit der Natur; München
Putsch, Erich und Schimank, Hans, Hrsg. (1942): J.R.Mayer und das Energieprinzip; Berlin

R

Radakovic, M. (1913): Über die Bedingungen für die Möglichkeit physikalischer Vorgänge; Leipzig
Raditsa, Leo (1987): Wilhelm Reich; Frankfurt a.M.
Reich, Wilhelm (1970): Charakteranalyse; Köln
- (1976): Die Entdeckung des Orgons – Der Krebs; Frankfurt a.M.
Reimarus, J.A.H. (1802): Über die Bildung des Erdballes; Hamburg
Rifkin, Jeremy (1982): Entropie; Hamburg
Ritter, Joachim und Gründer, Karlfried, Hrsg. (1984): Historisches Wörterbuch der Philosophie; Darmstadt

S

Sass, E (1949): Die Entropie des Ingenieurs; in »Konstruktion« 1,5
Schaefer, Clemens (1947): Hundert Jahre Energieprinzip; Krefeld
Schmidt, Wolfgang (1974): Natürliches Regelprinzip; in »Berichtswerk über den 5. Kongreß der Deutschen Gesellschaft für Kybernetik«; München / Wien
- (1987): Neue Aspekte für Forschung und Energietechnik; in Wesley (1987)
Schmidt-Biggemann, Wilhelm (1975): Maschine und Teufel; Freiburg / München
- (1984): Maschine; Artikel in Ritter (1984); Bd. 5

Schneider, Erich (1945): Das naturwissenschaftliche Weltbild; Büchergilde Gutenberg Berlin

Schumacher, Joachim (1978): Die Angst vor dem Chaos; Frankfurt a.M.

Schweitzer, R. (1910): Die Energie und Entropie der Naturkräfte mit Hinweis auf den in dem Entropiegesetz liegenden Schöpferbeweis; Köln

Sexl, Roman (1986): Ordnung im Universum; in »Neue Zürcher Zeitung« 19.2. Fernausgabe

Siefert, Peter (1984): Schwerkraft Forschung; Konstanz (Selbstverlag)

Sietmann, R. (1985): Physikalische Prinzipien durchwalten die Chemie; in »VDI-Nachrichten« Nr. 16, 19.4.

Spengler, Oswald (1969): Der Untergang des Abendlandes; München

Sprengel, Peter (1977): Maschinenmenschen; in »Jahrbuch der Jean-Paul-Gesellschaft« 12. Jhg.; München

Spur, Günter (1987): Ein Ingenieur kann gar nicht arrogant sein (Interview); in »die tageszeitung« vom 29.1.

Stanley, Steven M. (1983): Der neue Fahrplan der Evolution; München

Steffens, Henry John (1979): James Prescott Joule and the concept of energy; Dawson

Stewart, Balfour (1875): Die Erhaltung der Energie; Leipzig

Sulloway, Frank 1. (1982): Freud – Biologe der Seele; Köln-Lövenich

T

Toulmin, Stephen und Goodfield, June (1985): Entdeckung der Zeit; Frankfurt a.M.

V

Velikovsky, Immanuel (1978): Welten im Zusammenstoß; Frankfurt a.M.

▫ (1983): Stargazers and Gravediggers; New York

W

Wagner, Ina (1986): Das Erfolgsmodell der Naturwissenschaften; in Hausen (1986)

Wald, E (1889): Die Energie und ihre Entwertung; Leipzig

Walthofen, H.W.v. (1904): Das Weltproblem und der Weltprozeß; Wien / Leipzig

Weishaupt, Adam (1782): Anrede an die neu aufzunehmenden Illuminatos dirigentes; in Dülmen (1977)

▫ (1786): Apologie der Illuminaten; in Dülmen (1977)

▫ (1788): Geschichte der Vervollkommnung des menschlichen Geschlechts; Frankfurt / Leipzig

Wesley, James Paul (1987): Progress in Space-Time Physics; Blumberg

Westerman-Holstijn, A.J. (1930): Tendenzen des Todes, Todestriebe und Triebe zum Töten; in »Imago« XVI

Wezel, Johann Karl (1984): Belphegor; Frankfurt a.M.

Wolff, Theodor (1931): Vom lachenden Denken; Berlin

Z

Zedler, Johann Heidrich (1741): Universal Lexikon Aller Wissenschafften und Künste; Artikel »Perpetuum Mobile«; Leipzig / Halle

Ziegler, Leopold (1925): Das Heilige Reich der Deutschen; Darmstadt

Zimmermann, Walter (1968): Evolution und Naturphilosophie; Berlin

Register

A

Absolutismus der Wirklichkeit, 106, 107
Abwärme, 63, 71, 73, 77
Aderlaß, 126
Agnostizismus, 141
Akademie der Wissenschaften der DDR, 101
Akausalität, 165
Alchimisten, 12, 16, 19
Alexander, Franz, 204
Anti-Katastrophismus, 181, 187, 193, 195
Arbeitsstoff, 64, 76, 83
Astrophysik, 99
Atommodell, 42, 43, 46
Auerbach, Felix, 146, 177
Außenseiterwissenschaft, 90

B

Bahngleichung, stationäre, 96
Bakterien, 128
Besessenheit, 210
Betrugshypothese, 85
Bilanzgleichung, 50, 51, 52, 55
Binswanger, Christoph, 19
Biologie, 181
Biosynthesezyklus, 15
Blasphemie, 147
Bloch, Ernst, 156
Blöss, Christian, 103, 148, 166, 167
Blumenberg, Hans, 21, 106, 109, 158
Boltzmann, Ludwig, 174, 176
Boyle-Mariottesches Gasgesetz, 69
Brinkmann, D., 104
Brush, Stephen G., 172
Buckland, William, 183, 185
Bundesministerium für Forschung und Technologie (BMFT), 82, 90

C

Carnap, Rudolf, 140
Carnot, Sadi, 62, 63, 64, 69, 146
Carnotmaschine, 74, 83
Carnotprozeß, 67, 72, 74, 80, 83, 87
Carnot-Wirkungsgrad, 89
Caspari, O., 177
causa deficiens, 165, 179, 187
Chaos, 162, 168, 175
Christy, J.W., 34
Clausius, Rudolf, 65, 68, 69, 72, 142, 170, 174
Coulombkraft, 95, 97, 98, 99
Cuvier, Georges Leopold C.F.D., 185, 187

D

DABEI, 82
Darwin, Charles, 180, 181, 182, 184, 186, 187, 188, 189, 190, 191, 193, 198
Debeye, Peter, 97
Descartes, René, 124, 152, 153, 154, 160
Diderot, Denis, 155
Dissipation, 123, 125
Dopplereffekt, 93, 95
Dove, A., 193
Drehimpuls, 51
Du Bois-Reymond, Emil, 118, 136

E

Einstein, Albert, 53, 94
Eiszeit, 202
Elektrodynamik, 50, 55
Elektron, 42, 98, 100, 101
Ellenberger, Henry, 208
Energetik, 135, 140, 144
Energie, 49, 50, 51, 54, 59, 60, 76, 93, 99, 130, 131
Energie- und Entropie-Story, 75
Energiebilanzgleichung, 50, 57
Energiedefekt, 98

Energieerhaltungssatz, 20, 23, 25, 38, 54, 55, 58, 59, 68, 75, 107, 116, 117, 126, 131, 137, 140, 144, 146, 165, 171, 194, 211
  als »Heilsbotschaft«, 146
  unter dessen Schutz die Menschen stehen, 146
Energieform, 55, 131, 141, 144
Energiekrise, 11
Energie-Masse-Äquivalenz, 53
Energieprinzip, 53, 129, 139
Energiesatz, 68, 120, 125, 126, 137, 147, 165, 206
  als oberste Polizeibehörde für die Natur, 166
Energietechnik, 68, 131
Entropie, 23, 49, 60, 69, 76, 87, 174, 175, 176, 198
Entropiedefinition, 75, 77
Entropiesatz, 38, 80, 125, 141, 171, 174, 204, 206
  als »Gesetz des Geschehens«, 61
  als dem Schreckgespenst aller Optimisten, 204
Erde, Stillstand der ~, 111
Erfinder, 13, 31, 32, 81, 82, 84, 86, 149
  als Scharlatan, 13
  der Geisteskrankheit verdächtig, 13
Erinnyen, 119
Eros, 204
Erster Hauptsatz der Thermodynamik, 37, 38, 46, 48, 51, 55, 96
Esoterik, 16
Ethik, 49, 81, 108, 133, 138, 141, 142, 143, 148, 182
Evolutionstheorie, 38, 180, 181, 194, 197, 206
Exergie, 81, 142
Exorzismus, 208

F

Fechner, Gustav Theodor, 211
Feitelberg, Sergei, 204
Feldhaus, Franz Maria, 40, 48
Ferenczi, Sandor, 201, 202
Finalitätsprinzip, 188, 189, 190, 194
Fischer, Arthur, 33
Fixsternhimmel, 14
Fließ, Wilhelm, 212
Fließgleichgewicht, 128
Freud, Sigmund, 199, 201, 202, 205, 211, 212, 214
Friede, Dieter, 146
Fritz, Siegfried, 11, 12

G

Gassner, Joseph, 208
Geheimgesellschaften, 22
Geist, 135
Geologie, 38, 180, 181, 183, 185, 187, 191
Gerber, Paul, 93
Gerlach, Walter, 165
Geschichtsphilosophie, 107, 156, 182
Gleichgewichtsthermodynamik, 71, 74
Götterdämmerung, 175
Gravitationskraft, 35, 95, 99
Gravitationstheorie, 35, 93, 94, 95, 96
Gravitationswechselwirkung, 93
great chain of being, 117, 187
Grund, zureichender, 118, 121, 132, 133, 139, 141
Grünen, die ~ im Bundestag, 81, 90
Gutberlet, Konstantin, 111

H

Haeckel, Ernst, 136, 178
Hahn, Otto, 53
Harmonie, prästabilierte, 155
Harrington, R.S., 34
Hauptsätze der Thermodynamik, 23, 29, 38, 39, 41, 141, 211

Heiliger Schauder, 85
Heilserwartung, 163, 178, 181, 182
Heisenberg, Werner, 101
HELIOS-Projekt, 94
Heliozentrik, 110
Helmholtz, Hermann, 126, 128, 129, 130, 131
Herkules, Säulen des, 14
Hexenhammer, 160
Hexerei, 160, 161, 208
Hickson, J.W.A., 132, 133
Hilscher, Gottfried, 27, 90
Hörbiger, Hanns, 173

I

Ichak, Frida, 11, 116, 146
Illuminatenorden, 156
imitatio creatoris, 19
Immunsystem, 128
Impulserhaltungssatz, 51
Informationstheorie, 61
Ingenieur, 31

J

Jacoby, Russell, 217
Jones, Ernest, 204
Josue-Erzählung, biblische, 108, 114, 116
Joule, James Prescott, 117, 126
JoulscheWärme, 57
Jupiter-Sonde, 92

K

Kältetechnik, 81
Kant, Immanuel, 157, 173
Kästner, Erich, 50
Katastrophe, 165, 175, 183, 184, 192, 194, 202
Katastrophismus, 183, 184, 194
Kauffmann, Erle, 193
Kaulbach, Friedrich, 135
Kausalgesetz, 119, 121, 138
Kausalität, 34, 119, 120, 121, 133, 137, 138, 146, 158, 198

Kelsen, Hans, 119
Keplersche Gesetze, 95
Kernenergie, 12, 53
Kernert, Thomas, 104, 147
Kernforschungsanlage (KFA) Jülich, 82, 90
Kernfusion, 142
Kernspaltung, 142
Kindbettfieber, 128
Kirchhoff, Joachim, 86
Klemm, Friedrich, 19, 104, 149
Knizia, Klaus, 81, 141
Koch, Werner, 11
Kohlekraftwerk, 77
Kohlendioxid, 86, 87
Kopernikus, Nikolaus, 109, 195
Körpermaschine des Menschen, 153
Kosmogonie, 19, 173
Kosmologie, 20
Kosmos, 92, 108, 117
Krankheitsursachen, 128
Küppers, Bernd-Olaf, 15
Kybernetik, Deutsche Gesellschaft für, 100

L

Laplace, Pierre Simon, 173
Lavoisier, Antoine Laurent, 209
Leibniz, Gottfried W., 124, 132, 152, 155, 165, 166
Lepenies, Wolf, 162
Lichtgeschwindigkeit, 93, 98, 100
Lückenhaftigkeit der Fossilienzeugnisse, 191
Lustprinzip, 201
Luzifer, 145

M

Mach, Ernst, 121
machinatio, 72, 149
Magie, 16
Magnetismus, tierischer, 209
Marquard, Odo, 163, 164

Märtyrer, 28, 103
Marut, Ret, 119
Masse-Energie-Äquivalenz, 98, 142
Massenerhaltungssatz, 51, 52, 53
Mauthner, Fritz, 135
Mayer, Julius Robert, 11, 126, 127, 142
Mechanik, 50
Mehrkörper-System, 96
memento mori, kosmisches, 172
Menschheitsgeschichte, 199
Merkur, Periheldrehung des ~, 93
Mesmer, Franz Friedrich Anton, 208, 209
Metaphysik, 140
Meyer, M. Wilhelm, 174
Michal, Stanislav, 11, 145
Mittelamerika, 113
Moderne, 107, 162, 197
Molekularbiologie, 15, 47, 198
Moszkowski, Alexander, 174

N

Naturgeschichte, 93, 114, 162, 180, 182, 183, 185, 186, 187, 188, 193, 198, 207
Naturgesetz, 116
Naturphilosophie, 23, 37, 107, 135, 136, 137, 139, 140, 141, 144, 182
Negentropie, 172
Neptun, 34
Nernst, Walther Herrmann, 175
Neurose, 199, 203, 205
Neurosenwahl, Problem der, 201
Neuzeit, Beginn der, 21, 181
Newton, Isaac, 95
Niedertemperaturwärme, 84, 86, 89
Nieper, Hans, 12, 13
Nigg, Walter, 161
Nirwana-Prinzip, 200
Notstromaggregat, 77
Novalis, 158
Nukleinsäuren, 15

O

Ord-Hume, Arthur W.J.G., 19
Orgasmus, Funktion des, 214
Orgon-Akkumulator, 213, 215
Orgon-Energie, 206, 213, 214, 217
Ostwald, Wilhelm, 61, 135

P

Paradigma, 18
Paul, Jean, 149, 150, 160
Peregrinus, Petrus, 104
Perpetuum mobile
  als angebliche List wider die Natur, 49
  als Bankschalter mit unbekannter Geldquelle, 42
  als der im Hintergrund als transzendentes Prinzip lauernde Unstern, 165
  als eine Art geistige Blockade, 59
  als Eröffner eines gesetzesfreien Raumes, 168
  als gordischer Knoten, 15
  als heimliches Eingeständnis mangelnden Mutes zum Nicht-Wissen, 57
  als immerwährend bewegliche Weltmaschine, 20
  als Instrument transzendenten Terrors, 160
  als Joker im enzyklopädischen Kartenspiel des Wissens und Nichtwissens, 105
  als kleiner Kosmos, der nur dem Menschen gehorche, 104
  als Kosmogonie im Kleinen, 19
  als Kriegsmaschinerie des Teufels, 150
  als Kristallisationspunkt des Wunsches, bereits alles von der Welt zu wissen, 57

*als künstlicher Riegel gegen den
    Verdacht des Nicht-Wissens,
    181*
als Maschine des Teufels, 105
*als Metapher einer Unabhängigkeit
    der Welt von transzendenten
    Mächten, 20*
*als Metapher für die in sich ge-
    schlossene Welt, 123*
*als Metapher für die Weltmaschine,
    20, 107, 120, 149*
*als Perversion der Reise ins Unbe-
    kannte, 105*
als Popanz, 194
*als potentieller Katastrophenbrin-
    ger, 104*
*als progressiver Bestandteil des
    Begriffsarsenals der Ge-
    schichts- und Naturphilosophie,
    107*
*als Quelle des Schwefelgestanks
    des Teufels, 21, 145*
*als Relikt naturphilosophischer
    Art, 145*
*als russischer »Fluch der Welt«,
    146*
als Sündenbock, 10
als Symbol der Sinnlosigkeit, 35
*als Symbol des Nichtwissens, 16,
    36*
*als Symbol des unruhigen Gestal-
    tungswillens des abendländi-
    schen Menschen, 104*
*als Symbol eines Allmachtswun-
    sches, 16*
*als Symbol jener rätselhaften Un-
    ruhe des abendländischen Men-
    schen, 104*
*als Synonym für noch zu erschlie-
    ßende Wissensbereiche, 121*
*als Synonym stets zu gegenwärti-
    gender Undurchdringlichkeit
    der Phänomene, 120*
als Teufel in der Physik, 10
*als unseliges Überbleibsel des
    menschlichen Herumirrens in
    der langen komplizierten Ge-
    schichte der Entwicklung der
    Technik, 145*
als Währungsspekulant, 42
als Weltbedrohung, 10
*als Werkzeug tendenziell bösarti-
    ger transzendenter Mächte, 121*
*das Nachdenken über das ~ als
    emanzipatorischer Akt, 18*
*in Assoziation zu Spinnertum, Un-
    seriösität, Inkompetenz, Halb-
    wissen, Traumtänzerei, ewiger
    Narr, Chimäre, 80*
in der Psychophysik, 212
Satz vom ausgeschlossenen, 16
*sein Bau als Akt der Verblendung,
    146*
und Energieerhaltungssatz, 54
*und kaufmännische Buchhaltung,
    55*
*ursprüngliche Bedeutung des Be-
    griffs, 14*
*zur Bezeichnung einer Unmöglich-
    keit, 162*
Perpetuum mobile erster Art, 81
Perpetuum mobile zweiter Art, 81, 83, 87
Perpetuum-mobile-Bauer, 25
Physik, 55, 57, 79, 170, 174, 181
Pius XII, Papst, 178
Planck, Max, 118, 137, 138, 139, 146,
    153
Plancksches Wirkungsquantum, 98
Planetenbahnen, Kreisförmigkeit der ~,
    99
Planetensystem, 96, 118
Pluto, 34
Poincaré, Jules Henri, 176
Prinzip der vollständigen Begreifbarkeit
    der Natur, 130, 137, 172
Psychoanalyse, 200, 209

Psychophysik, 212

Q

Quantenbrandung, 53
Quantenmechanik, 50, 55, 98
Quantentheorie, 42, 43, 46

R

Radakovic, M., 147
Radiästhesie, 26
Raditsa, Leo, 219
Radium-Maschine, 52
Reich, Wilhelm, 206, 207, 209, 213, 214, 215, 216
Reimarus, J.A.H., 110, 112, 185
Relativitätstheorie, 100
Renaissance, 16, 19, 20, 106
res cogitans, 152, 154
res extensa, 152
Resistenzerscheinung, 128
Rifkin, Jeremy, 172
Roosevelt, Franklin Delano, 17
Rotationsbandenspektren, 88
Rutherford, Ernest, 42

S

Sahagun, Bernardino de, 113
Schaefer, Clemens, 53
Schaeffer, Bernhard, 87
Schlegel, Friedrich, 158
Schmidt, Wolfgang, 92, 95, 97, 98, 99, 102, 131
Schmidt-Biggemann, Wilhelm, 149, 153, 160, 165
Schneider, Erich, 177
Schrödinger, Erwin, 170
Schrödingergleichung, 55
Schumacher, Joachim, 175
Schweitzer, R., 178
Selbstentmündigung des Menschen, 23, 144
Sexl, Roman, 171, 176
Shapley, Harlow, 114

Siefert, Peter, 12
Siegfried, Bernfeld, 204
Siemens, Werner von, 13
Sietmann, R., 60
Sintflut, 183
Sonne, 92, 120
  Stillstand der ~, 113
  zweite ~ als dunkle Begleiterin, 34
Sonnenkraftwerk, 77
Sonnensystem, 35, 93
Spee, Friedrich v., 161
Spengler, Oswald, 104, 105, 175, 197
Spur, Günter, 31
Stanley, Steven M., 192, 195
Stewart, Balfour, 120
Stoffeigenschaften, 59, 64, 68, 69, 71, 74, 75, 76, 78, 79, 84, 87, 168
Stoffwertforschung, 86, 90
Straßmann, Fritz, 53
Strukturbildung, 169
Sulloway, F.J., 201, 202, 203

T

Tachyonenenergie, 13
Tachyonenfeld, 11, 12
Techniker, 31
Tesla, Nikola, 17
Teufel, 10, 121, 146, 147, 153, 161, 208
Teufelsmetaphorik, 145
Thanatos, 180, 199, 205
Theodizee, 163, 166
Thermodynamik, 41, 46, 55, 57, 61, 74, 80, 83, 87
Thermodynamik offener Systeme, 61, 169
Thomson, William, 170, 174, 198
Titius-Bode-Gesetz, 93
Todestrieb, 199, 200, 203, 204, 206
Toulmin, Stephen, 183, 186
Transeuns, 132, 141
Tyndall, John, 111, 112

Register

U
Uhrwerk, die Welt als, 20
Unipolar-Induktion, 26
Unordnung, kosmische, 116
Uranus, 34
Ur-Chaos, 19
Urknall, 176
Utopie, gesellschaftspolitische, 33, 79, 81, 90, 91, 151, 170, 182, 199, 200

V
Velikovsky, Immanuel, 113, 114
Venus, 113
Vorsehung, 151

W
Waals, Johannes Diderik van der, 69
Wagner, Ina, 32
Wald, F., 171
Walthofen, H.W.v., 118
Wärme, 124
Wärmekraftmaschine, 52, 63, 70, 71, 73
Wärmelehre, 20
Wärmestofftheorie, 63, 64, 67
Wärmetod, 20, 38, 39, 123, 125, 169, 170, 171, 172, 175, 176, 177, 178, 179, 198
    als Garanten einer antikatastrophischen Entwicklung, 178
Weishaupt, Adam, 156
Weltbild, 131, 140, 164
Weltmaschine, 153, 155, 160, 181, 185, 194
Welträtsel, 136
Weltreformatoren, 17
Werkstatt für dezentrale Energieforschung, 82
Westerman-Holstijn, A.J., 204
Wezel, Johann Karl, 157
Willen, freier, 138, 153, 158
Wirkungsgrad, 71, 74, 77, 78, 79, 80, 83
Wolff, Christian v., 124
Wright, Gebrüder, 13
Wunder, 18, 168

Z
Zentralkräfte, 129
Zimara, Anthonius, 19
Zimmermann, Walter, 16
Zuchtwahl, Theorie der, 188, 189, 190, 195, 199
Zustandsgleichungen, 69
Zweiter Hauptsatz der Thermodynamik, 37, 38, 46, 48, 70, 86, 142, 168, 171, 172, 178, 198, 200, 203, 206, 215

Berliner Geschichtssalon
Ein Treffpunkt für Chronologen und Freunde der Geschichte

Themen 1994 - 1999

Hörbigers Welteislehre • Reaktion der Presse auf den Einschlag des Kometen »Shoemaker-Levy 9« • Mittelalterliche Fälschungen • Chronologische Fragen und Phantomzeit in Spanien, Ägypten, Äthiopien und dem Vorderen Orient • „Ethik, Moral, Ökologie und 'Überbevölkerung'" • Jacob van Hoddis und sein Gedicht „Weltende" • Nach »Jenseits von Darwin« • Die zukünftige Umdrehung der Erde • Die Chronologie des Mittelalters im Chaos • Chronologische Probleme des Hellenismus • Die Chronologie des A.T. Fomenko • Die Ikonographie der Drachen • Johann Carl Friedrich Zöllner und das „Elektromagnetische Universum" • Die neue Islaminterpretation des Günter Lüling • Der Islam: Interpretationen, Deutungen und Aktualitäten • Der Islam und das verschwundene Mittelalter • A.T. Fomenko und die Chronologie des Islam • Warum Auschwitz. Hitlers Plan und die Ratlosigkeit der Nachwelt • Der elektromagnetische Kosmos • Die Probleme der C14-Datierung und der Dendrochronologie als chronologische Hilfswissenschaften • Anatoli Fomenko und seine Methoden der statistischen Analyse narrativer Texte und Anwendungen zur Chronologie • Gibt es eine verdrängte Katastrophenerinnerung des Menschheitskollektivs? • Biophotonen - das Licht. Elektromagnetischer Kosmos im Kleinen wie im Großen • N.A. Morosow – der wichtigste Vorgänger der Moskauer Gruppe „Neue Chronologie" • Vakuumbiophysik und elektromagnetischer Kosmos • Homo sapiens" bereits in der Kreide? • Diskussionsveranstaltung: "Rechte und Pflichten eines Wissenschaftlers, der mit seinen Erkenntnissen oder denen anderer Wissenschaftler an die Öffentlichkeit tritt" • Gab es keine Evolution? Lebten Dinosaurier und Menschen gemeinsam? • Welche Geschichten machen Geschichte? • ...

Regelmäßige Vorträge, immer heiße Diskussionen

Galerie Bellevue • Flensburger Straße 11-13
S-Bahn „Bellevue" oder U-Bahn „Hansaplatz"
Termine erfragen unter Telefon +49 30 61401164
http://www.berliner-geschichtssalon.de